KB107017

과학으로 보는 보이차

과학으로 보는 보이차

최성희 지음

티웰

차례

서문

보이차란 뭘까!

보이차가 뭐길래 이렇게 복잡하고 어려운 걸까? 보이차를 마시기 시작하면서 다양한 차를 공부해도 항상 뭔가 부족함이 있었다. 녹차, 백차, 황차, 청차, 홍차는 그래도 좀 이해가 되는 듯했는데, 보이차는 아니었다. 깊은 미궁으로 빠지는 듯, 답답함이 생긴 것은 내가 보이차를 공부하기 시작한 때부터였다. 후발효, 산화발효에 걸맞다면 미생물 공부를 해야 하나, 실험실에 가서 이것저것 실험을 어떻게 해야 하나 등등 많은 고민을 하던 시간 속에서 드디어 조금씩 길을 찾아가기 시작했다.

우신 차 산지의 특징이 비교적 정확한 차를 구입하여 마셔보았다. 그러면서 대구 시내에 있는 필자의 연구소에서 보관된 차에 한정하여 그동안 수집해온 차들 가운데 햇차부터 20년 전후의 차들을 분류하여 변화된 내용을 시험논문으로 반드는 작업을 하기 시작했다.

실험 논문에 관해서는 경북대학교 농대 김일두 교수의 자문과 지도를 받으면서, 식물자원부에서 실험한 결과를 학술지에 등재하는 방법으로 하나하나 체계적인 공부를 하기로 마음을 먹고 원광대학교 대학원 박사과정에서부터 시작하였다. 이후 2018년부터 경북대학교 농대 식물자원부에서 1년에 2편씩 3년을 꾸준히 실험 발표하고 있다.

박사학위는 생쥐 생체실험으로 2년, 9년, 21년 생차, 숙차의 항산화가 실험 주제였다. 그다음 실험에는 고수차와 대지차의 비교, 이무 지역 차와 포랑 지역 차의 미네랄 실험 비교, 녹차, 백차, 홍차의 가바 성분 비교 등등으로 계속하여 실험하고 발표해 왔다. 이 책의 주제는 보이차의 실험 논문으로, 실험 대상은 적지만 과학적인 근거에 의거하여 보이차의 성분과 품질 차이를 아는 것이다. 그러므로 필자는 보이차 애호가들이 과학적인 근거에 의거해서 보이차를 이해하는 데 도움이 되는 책을 만들고 싶었다.

대부분 실험 논문을 중심으로 구성되었지만, 보이차에 대한 전반적인 이해를 돕기 위해 차마고도 외 보이차의 종류, 용어해설 등을 전반부에 두는 방식으로 편집하게 되었다. 이후에도 계속해서 실험 논문으로 발표하고 한국(특히 대구)에 보관 중인 보이차의 성분 변화를 연구할 예정이다.

필자는 원광대학교 대학원, 대구 영남이공대 스마트 항공학과, 계명대학교 등의 대학교와 협력하고 최성희 보이차 연구소를 통해 보이차 연구와 산학협력을 하고자 한다. 이를 통해 젊은 학생들의 진로에도 도움이 될 수 있도록 현실과 연계된 학문으로 연구를 지속적으로 해나갈 것이다.

그동안 저의 논문 작업에 학술적으로 큰 도움을 주신 김일두 교수님 경북대 실험실 석 · 박사님들, 홍두표 대표님, 임인택 대표님 그리고 저를 물심양면 도와주는 가족에게 감사의 마음을 전합니다. 끝으로 저의 연구 논문을 정리해서 책으로 엮어주신 티웰 박홍관 대표님의 노고에 감사드립니다.

2023년 7월… 저자 최성희

1부

차마고도

문명의 이동

만약 차마고도에 대한 명명(命名)이나 혹은 발견이 없었다면 중국 서남지구의 문명교류사 중에 옛 이야기들은 침묵으로 일관된 모습을 유지했을 것이다. 서남지구 수십 개의 소수민족과 한족에 대한 내용은 한대와 당대의 중앙아시아 초원과 황량한 사막에 나있는 서역 실크로드에 버금간다. 이천여 년 동안 횡단산맥(橫斷山脈)과 히말라야산맥 및 몇 가닥의 큰 강물(란창강, 금사강, 노강., 민강, 아롱강, 야루짱뿌강 등등) 줄기들이 지속적으로 공동분할하고 편직해서 만들어낸 만 리길의 상업루트이다. 비단 수천만 년 이래로 아시아유럽 지각판과 인도양 지각판이 상호 충돌해서 새겨진 지질연대의 기억들을 내포할 뿐만 아니라 또한 기괴하기 짝이 없고 험준한 자태의 자연적 모습은 너무나도 많은 마법적이고 환상적인 색채가 충만한 인문고사와 지방적인 지식(이런 지방적인 지식은 바로 이 변방지역의 고도로 하여금 일직이 중화제국의 정사의 광대한 서사 중에 편입된 북방 실크로드와 구별되는 다른 종류이다)에 부착하게 됐다.

이천 년 동안 이길 위에 사계절을 막론하고 당신은 이러한 화면을 볼 수가 있을 것이다 : 새벽녘, 고산협곡, 초지와 황량한 사막, 호수와 빙하, 한 무리의 무거운 짐을 지고 앞으로 나아가고 있는 사람과 말들, 그들은 마방으로 제일 앞에서 걸어가는 이는 그들의 수령인 마과두(馬鍋頭)이다.

차마고도

유라시아 대륙의 동서를 잇는 실크로드는 태고이래, 동서문화의 가교로서 매우 중요한 역할을 수행하여 왔다. 그리고 실크로드의 실상이 구체적으로 알려지게 되는 기원 전후의 시기에 들어서면, 중앙아시아의 사막지대를 동서로 가로지르는 소위 사막의 길, 즉 오아시스 루트가 동서교역과 동서문화 교류의 중추적 역할을 수행하게 된다.

그러나 근년에 중국의 사천 지방을 중심으로 혼병이나 토우 등 불교와 동서교역 관련 자료가 계속 출토됨에 따라, 불교가 기존의 오아시스 루트보다 서남 실크로드를 통하여 더 이른 시기에 처음 전래되었음을 방증하는 자료들이 잇달아 학계에 보고되고 있다. 중국 사천의 청두에서 운남 미얀마를 거쳐 인도를 잇는 이 길은 과거 중국에서의 양상이 구체적으로 드러나는 계기를 이룬 한 무제의 서역 진출, 즉 장건의 서역

파견 결과, 서남 실크로드의 존재도 알려지게 되었다.

중국의 운남 지역은 지형적으로 세계의 지붕 히말라야 산맥의 동쪽에 위치하고 있으며, 티베트 고원의 동쪽에 펼쳐진 경사지에 자리잡고 있다.

전체 차마고도의 일방적인 여정은 적어도 사 개월 이상 내지는 일 년이 걸리며 심지어는 더 많은 시간이 걸릴 수도 있다. "이 세상에는 근본적으로 길이 존재하지 않는다. 지나간 사람들이 많으면 절로 길이 돼버린다." 이 말대로 무수한 이와 유사한 화면이 피차간에 겹쳐 쌓이는 과정 중에 아시아 대륙에서 제일 험난하다할 여상(旅商)의 비리루트가 만들어져 나왔던 것이다.

차마고도의 노선은 주로 두 갈래이다.

첫째는 운남 보이차 원산지(지금의 시쌍반나, 푸얼 등지)에서 출발하여 따리, 리강, 쭝띠엔, 더친을 거쳐 티벳의 빵다, 차위 혹은 창뚜, 꽁뿌짱다, 라싸에 도착한 후, 다시 쨩즈, 야똥을 경유해서 나누어 미얀마, 네팔, 인도까지 도달하는바, 국내노선의 전체길이는 3800여 km에 달한다. 다른 하나는 사천성 야안에서 출발하여 루띵, 캉띵, 빠탕, 창뚜를 거쳐 티벳의 라싸에 도달하여 다시 네팔, 인도에 까지 도달하는 바, 국내노선의 전체 길이가 3100여 km에 달한다. 주요도로 양 측에는 크고 작은 지선(支線)들이 즐비하게 나있는데 흡사 아열대 총림 중에 하늘을 찌를 듯이 치솟은 거대한 나무들의 발달한 뿌리와 가지와도 같이, 운남, 티벳, 사천의 '대삼각(大三角)' 지대를 긴밀하게 휘돌아 함께 감싸고 있어, 차마고도 茶馬古道, 글자 그대로 차와 말이 오가던 오래된 상업 도로를 뜻한다. 중국 남부 운남성과 사천성에서 생산되는 차와 티베트의 초원 지대에서 생산되던 말의 물물교역을 위해 왕래하던 길이 바로 차마고도인 것이다.

티베트 고원에서 발원한 세 강이 나란히 흐르는 지역이었다. 중국으로 흐르는 장강(長江, 양쯔강)과 인도차이나 반도의 젖줄이 되는 메통강, 그리고 살윈강 등 아시아 대륙을 적시는 큰 장의 상류 또한 지 이지역이었다. 이들 강은 이 지역에서는 각각 금사강(창장), 란창강(메콩강), 누강(살윈강)으로 불리고 있다. 차마고도는 바로 이들 강줄기와 가장 높고 가장 험한 길, 그 길이 차마고도다. 아름답고도 가혹한 길, 그것이 바로 차마도고인 것이다.

차마고도는 단순한 교역로 이상의 의미를 갖고 있다. 바로 문화 전파의 경로였던 것이다. 이 교역로를 따라 문화를 종교와 풍습이 옮겨가며 서로 영향을 주고 받았다. 차마고도의 교역로는 넓게 분포하고 있었다.

차마고도의 여러 갈래 루트 중에서 지금까지도 그 흔적이 뚜렷한 곳은 두 갈래다. 하나는 보이차의 원산지인 쓰쌍판납과 사모 등 운남성 남부에서 시작하여 따리 샹그리라, 뻰즈란, 더친을 지나 매리설산을 넘어 티베트의 수도인 라싸까지 3,000여 킬로미터가 된다.

보이차의 기록

운남의 차 생산 역사는 한나라 말기의 삼국시대에까지 소급해 올라갈 수 있다.

청대 도광(道光) 연대에 편찬된 《보이부지(普洱府志)》에서 차나무를 일컬어 '무후유종(武侯遺種)'이라고 한 건, 곧 촉한(蜀漢) 건흥(建興) 3년(서기

225년)에 제갈공명이 "남중(南中)을 평정하고 다사(茶事)의 부흥을 제창했다."라고 했던바, 이는 지금으로부터 1780년 전의 일이다. 정식문헌상에 보이는 최초의 기록은 당나라 때 함통(咸通) 5년(864년) 번작(樊綽)이 쓴 《만서(蠻書)》 권7에 다음과 같이 나와 있다. "차는 은생성(銀生城)과 경계한 여러 산에서 나온다. 산차로 보관하되 일정한 제다법이 없었다."

이무차(易武茶)가 보이차 발전사에서 지닌 특수한 지위는 다음과 같다.

1. 이무(易武)는 보이차의 고향이다.

《전해우형지(滇海虞衡志)》에 기록하길, "보차(普茶)는 천하에 그 이름을 떨쳤는데, 보이(普洱)에 속한 육대산(六大山) 즉 유락(攸樂), 혁등(革登), 의방(倚邦), 망지(莽枝), 만단(蠻端), 만살(曼撒) 등지에서 생산되며, 그 주위 팔백 리에 걸쳐 입산해 차를 만드는 자가 수십만 명이나 됐다."

2. 이무차산(易武茶山)은 면적과 생산량 모두 육대차산(六大茶山) 가운데 으뜸이다.

3. 이무(易武)는 보이공차(普洱貢茶)의 고향이다.

이무(易武)는 차로 인해 발흥했다. 청대 옹정(雍正) 2년(1724년), 차 상인과 도예공들이 이무(易武)로 쏟아져 들어간 인원이 무려 '수십만' 명의 무리들로, "산들마다 차밭이 있고, 곳곳엔 인가가 있는" 형국에 끊임없는 문젯거리들로 인해서 한때는 청의 조정으로부터 '객상(客商)들은 입산하여 제다하는 걸 엄금'하기도 했다. 옹정(雍正) 13년(1735년)에 '차인

(茶引)'으로 차를 구매토록 하자 차 상인들이 다시 입산하였다. 주로 원병차(圓餠茶)[일명 원보차(圓寶茶)]를 생산하였는데 일곱 개의 병차를 한 통으로 해서 판매했기 때문에 또한 '칠자병차(七子餠茶)' 혹은 '칠자원차(七子圓茶)'라고도 불렸으며, 대량으로 보이(普洱)에 실어다가 판매했다. 보이(普洱)에서 차엽무역을 관리하는 관리들이 보이차를 궁정에 헌납하자 황궁에서 크게 좋아하여 진상품이 됐다. 《보이부지(普洱府志)》에 기록하길, 청 건륭(乾隆) 9년(1744년), 보이차는 궁정에서 정식으로 《공차안책(貢茶案冊)》에 편입되었으며 공차의 품종으론 '아엽(芽葉), 단차(團茶)'로 규정한바, 보이부(普洱府)는 매년 공차를 선별 구매하는 특별지출

금 '예금(例金)'을 지출했다. 보이공차는 선통(宣統) 3년(1911년)까지 167년간 줄곧 이어졌다. 공차(貢茶)는 초기에는 육대차산(六大茶山)에서 채취하다가 차츰 이무차산(易武茶山)을 위주로 하였으며, 가공 역시도 초기에는 사모청(思茅廳)에서 전적으로 '차점(茶店)'을 개설했으나, 차츰 차상인들이 차장(茶莊)을 설치하고 관부(官府)에서 주로 감독 통제하게 되자 공차(貢茶)를 가공하는 차장(茶莊)은 일시에 명성이 자자해졌다. 예컨대 이무(易武)의 차상인 이개기(李開基)의 '안락호(安樂號)' 차장(茶莊), 차순래(車順來)의 '차순호(車順號)' 차장(茶莊)은 '이무정산칠자병차(易武正山七子餅茶)'를 헌납한 공으로 광서(光緒) 20년(1894년)에 황제로부터 '서공천조(瑞貢天朝)'라는 편액을 하사받았으며, 이개기(李開基)와 차순래(車順來)는 광서(光緒)황제로부터 '예공진사(例貢進士)'를 제수받았다.

2부

보이차의 종류

보이차란 무엇인가?

중국정부는 2003년 윈난성 질량기술감독국 명의로 보이차의 규정을 발표하였다. "중국 윈난성의 보이(普洱) 지방에서 생산된 차(茶)"로서 대엽종(大葉種) 찻잎(茶葉)으로 만든 쇄청모차(晒靑母茶)를 원료로 하여 후발효 과정을 거쳐 만든 산차(散茶)와 긴압차(緊壓茶)를 말한다." 이후 갓 생산한 보이생차는 보이차가 아니냐는 논쟁이 이어지면서 2006년 보이생차와 보이숙차로 구분하게 되었고, 2008년 12월 1일 재개정된 〈지리표지산품보이차(地理標志産品普洱茶)〉라는 국가 표준이 정립되어 오늘날까지 이어져 오고 있다. 그러나 아직도 쇄청모차 즉 보이 생 산차는 무엇이냐는 문제에 봉착되어 있다. 녹차라는 논쟁과 맞서고 있는데 녹차는 증청(蒸靑) 등 기타 가공법으로 만들어지는 경우도 있지만 한국은 일반적으로 초청(炒靑) 즉 가마솥에 여러번 덖어서 만들어지는 차다. 완성

후 찻잎 속의 수분은 4% 전후이며 포장 또한 밀봉 방식으로 산화와 발효를 원천적으로 방지한 차이다. 보이차는 녹차와 달리 쇄청(晒靑) 즉 햇볕에 건조하는 것은 확실히 다르다. 그리고 모차의 수분이 10~12% 정도 남아 있어서 산화 혹은 상황에 따른 발효의 여지를 남겨둔 차라고 알려져 있다.

보이차의 종류

1. 생차(菁餠)

중국은 보이차 제다법에 따라서 크게 생차와 숙차로 구분한다. 발효되지 않은 모차(毛茶)를 산차의 형태나 원형, 방병 등의 다양한 모양으로 긴압한 후 발효가 진행되어가는 차를 보이생차라고 한다. 생차에서 맛을 결정하는 가장 중요한 살청 작업은 녹차의 살청과는 다르다. 녹차는 솥의 온도를 300도 전후이며 보이차의 살청 온도는 기술자의 제작 의도에 따라 200도 전후에서 20분 정도 살청한다. 생차는 외형의 빛깔이 묵녹(墨綠)색에 형태가 반듯하고 고루 균형이 잡혀있으며, 적당한 신축성을 유지하며 병면이 떨어지지 않는다. 겉면을 뜯어내어도 차포심(茶包心)이 밖으로 드러내지 않는다. 내질(內質)의 향기가 청순하며 맛이 농후하며 탕 색깔이 아주 맑고 깨끗하며 엽저(葉底)가 두툼하고 황록색을 띤다.

雨林
古树茶
九寨甜茶
雨林古茶坊
易武正山
中國雲南勐庫七子餅茶
古樹茶
农业部茶叶质量监督检验测试中心认可
無公害放心茶
№ 0029502
中國雲南雙江勐庫茶業有限公司

2. 숙차(熟餠)

보이숙차는 외형이 홍갈색에 산차는 가닥이 단단하게 잘 말려있고 긴압차는 외형이 반듯하니 균등하며 적당한 신축성에 기층단면이 떨어지지 않는다. 겉면을 뜯어내도 차포심이 밖으로 드러내지 않는다. 탕색은 진한 붉은 색에 아주 맑고 깨끗하며, 향기는 독특한 묵은 향을 띠며 맛이 진하고 감칠맛이 돌고 엽저는 홍갈색을 띤다. 최근 국내외에서 보이숙차의 수요가 확산되는 가장 결정적인 역할을 한 것이 숙차(熟茶)의 개발로 볼 수 있다. 보이차를 미생물이 관여한 발효 방법으로 산화 작용과는 달리 일차 가공한 찻잎을 퇴적이란 공정을 거쳐 미생물을 통해 인위적으로 발효시켜 쾌속 진화하게 한 차를 말한다

雲南七子餅茶
YUNNAN CHI TSE BEENG CHA
茶
中國土產畜產進出口公司雲南省茶葉分公司
CHINA NATIONAL NATIVE PRODUCE & ANIMAL BY-PRODUCTS IMPORT & EXPORT CORPORATION
YUNNAN TEA BRANCH
大益七子饼茶
净含量:357g
普洱茶(熟茶)
TAETEA
大益茶
7262
<1801>
中华老字号
大益茶业集团 | 勐海茶厂 | 中国云南西双版纳

3. 긴압차(緊壓茶)

1) 원차(圓茶)

처음부터 보이차를 긴압한 이유는, 오로지 교통불편으로 인한 운송시 손실을 해결하기 위함이었다. 고대에는 교통이 불편하여 차마고도(茶古道)의 길에 마방(马帮/말에짐을 싣고 떼 지어 다니며 장사하는 사람들/caravan)들이 차를 운반하였다. 중국 서남지역에는 산지가 많고 지세가 평탄하지 않기 때문에 차를 잎산차로 보관, 운송하게 되면 비용이 더 많이 들게 되지만, 긴압하고 난 후에는 말 한필로 60kg의 차를 질 수 있어 운반 하기에 매우 편리했다.

전자

2) 전차(塼茶)

보이차 전차 송나라 태종 태평흥국2년(977) 북원에서 만든 용봉단차가 긴압차의 시초라고 할수 있다. 이때 이미 윈난의 보이차가 중원 및 강남에 알려져 있다.

3) 타차

일반적인 보이차와 마찬가지로 청병과 숙병으로 생산되고, 대부분 관목의 어린 잎으로 만들기 때문에 흔히 애기하는 장향은 없는 편이다. 형태는 둥근 모양에 안쪽이 사발 형태로 음푹 들어가게 만든 차로써 250g, 10g, 5g 등이 있다.

타자

4) 궁정보이

1999년 이후 맹해차창에서 만든 높은 등급의 숙산차를 말한다. 등급은 1급산차 보다 가늘고 어리다. 일잔적으로 모차의 급수 구분은 체에 거른 후 정하는데 궁정산 차는 가장 어린 성숙도의 이파리만 모아 놓는다. 파손된 차가 많지 않으며 외관은 아름답고 맛도 달고 부드럽지만 내포성은 좋지 않다.

5) 긴차(緊茶)

재가공차류 중에 흑차긴압차는 보이차의 일종이다. 운남성에서 주로 생산되며, 주 집산지는 대리시(大理市)이다. 긴차는 명대의 '보이단차(普洱團茶)'와 청대의 '여아홍(女兒紅)'에서 근원하는데, 타차(沱茶)보다는 조금

긴차

늦다. 역사상의 긴차는 하트형(또는 버섯형이라고도 함)을 띠고 있는데, 원료가 비교적 조악한 차 종류로 긴단(緊團)을 만들고 아울러 하나의 손잡이를 남겨둔다. 나중에 가공과 포장이 불편하자 1967년에 비로소 고쳐 장방형의 벽돌모양으로 만들어 기계압제(機械壓製)와 포장운송에 편하게 했다. 그래서 또한 운남전차(雲南磚茶)라고 부른다. 그런데, 바뀐 외형의 긴차는 티베트사람들의 환영을 못 받았으며, 티베트 빤찬(班禪)의 요구로 이에 1986년에 하트형의 긴차를 다시금 생산하게 됐다.

6) 금과공차(金瓜貢茶)

청 대 옹정 7년 즉 1729년, 당시 운남의 총독인 어얼타이는 보이부(普洱府) 녕이현(寧洱縣)[지금의 녕이진(寧洱鎭)]에 공차차창을 건립, 서쌍판납(西雙版納)에서 제일로 좋은 여아차(女兒茶)를 골라 단차와 산차 및 다고(茶膏)를 만들어서 조정에 진공했다.

청나라 사람 조학민(趙學敏)의 《본초강목습유(本草綱目拾遺)》에 이르기를: "보이차를 단차로 만듦에 대중소 세 가지가 있다. 큰 것은 하나가 다섯 근이나 되며 마치 사람머리 같아서 인두차(人頭茶)라 하는데, 매년 진공함에 민간에선 그리 쉽게 얻을 수가 없다." 인두공차(人頭貢茶)를 만드는 차엽은 전하는 바에 의하면 모두 미혼의 소녀가 잎을 채취하며 게다가 모두 일급의 아차(芽茶)라고 한다.

이런 아차(芽茶)는 장기간의 방치 끝에 점점 황금색으로 변하기에 그래서 인두공차(人頭貢茶)는 또한 '금과공차(金瓜貢茶)' 혹은 '공차'라고도 한다. 북경고궁에서 청관(淸官)의 공차를 처리한바 총 2톤 여개나 되는데, 그중 대부분이 보이차이다.

금과공차는 또한 단차(團茶), 인두공차(人頭貢茶)라고도 하는데, 이는 보이차 특유의 특수 긴압차의 형식으로 그 현태가 흡사 호박 같고 차아(茶芽)가 오랜 기간 방치한 뒤에 색깔이 황금색으로 변했기에 금과(金瓜)란 이름을 얻었다. 초창기에 금과차는 전적으로 조정에 진공하기위해 만들었으므로 고로 '금과공차(金瓜貢茶)'라 이름 한다. '금과공차(金瓜貢茶)' 는 운남의 최대이자 제일로 중요한 전통보이차 생산구역인 사모시(思茅市) 란창(瀾滄)의 경매산차구(景邁山茶區)에서 생산된다.

보이산차

보이산차는 흑차의 일종이며 쇄청녹차를 악퇴시켜 잎차로 만들어진 후발효차이다.

물을 뿌려서 악퇴시키거나 습도 80% 이상인 창고에 저장하면서 발효시켜 건조하면 잎차 모양의 보이산차가 만들어진다. 차에 물을 뿌려 발효시킬 때는 찻잎의 등급이나 기후에 맞추며, 찻잎의 원료가 고급차일수록 수분함량이 많으므로 물의 양을 적게 한다. 악퇴 과정 중에 찻잎을 한 번 씩 뒤집어 주며 악퇴 악퇴시키는 시간은 보통 30일에서 60일 정도이지만, 차를 만드는 사람에 따라서 조금씩 다르게 한다.

생산 지역은 운남, 곤명, 대리, 임창, 홍화, 덕굉, 하관, 남간, 봉경, 운현, 쌍강, 진강, 경마, 창원, 보산, 노서, 양하, 원강, 녹춘, 사모, 경곡 등지이다.

병배차

좋은 차를 만들기 위한 방법

병배가 '보이차의 영혼'이라고 불리는 이유에 대하여, 추병량 선생은 "병배는 차창에서 진행하는 '모차의 검수 및 등급 확정','정제 가공','반제품의 병배'의 3대 가공 과정 중의 하나"이기 때문이라고 밝혔다. 최해철 대표의 병배차 제조에 대한 기사는 다음과 같다. 경험을 다음과 같이 7542 등 대형차창의 차들은 생산량이 엄청나기 때문에 한 지역의 원료로는 충당하기 어렵습니다. 그래서 처음에는 여러가지 상황에 따라 이산 저산의 원료를 모으고 적당히 섞어서 출시했을 뿐이라 생각합니다. 80년대 이후 차창에 모차를 공급하는 원료기지가 조성되면서부터는 매년 일정 부분 같은 원료가 들어가기 시작했을 것입니다. 그러나 처음부터 지역과 모차를 구분하고 매년 일정한 품질을 의도한 병배는 아니었다고 생각합니다. 그래서 같은 이름의 차라도 매년 맛과 향이 다른 것입니다. 다만 제품의 시각적인 규격화 측면에서 제품의 앞면과 뒷면에 다른 등급의 모차를 배치하였습니다. 보통 작고 여린 잎으로 만든 1등급 모차부터 다 자란 큰 잎으로 만든 10등급까지로 나눕니다. 주로 여린 등급의 모차를 앞면에 배치하고 거친 등급의 차는 뒷면 혹은 내부에 배치하곤 합니다. 이렇게 제품의 앞 뒷면에 섞는 모차의 등급 비율을 조정하여 맥호로 구분하였을 뿐 애초에 일정한 맛과 품질을 위한 병배는 아니었다고 저는 생각합니다. 물론 비슷한 등급의 원료를 배치한 차의 맛이 매년 비슷할 순 있습니다. 그러나 차맛의 좋고 나쁨은 모차의 등급으로 구분할 수 없습니다. 특히 보이차는 작고 여린 잎보다는 일창 이삼기 정도가 되어야만 진화했을 때 더욱 풍부한 맛으로 다시 탄생합니다. 그러므로 대형차창의 수많은 맥호 차들은 맛에 대한 특별한 노하우를 가진 기술자들의 병배를 통해 만들어진 차가 아니며 다만 시각적인 균일화에 의거한 제품일 뿐이라고 저는 생각합니다. 또한 출시할 당시에 20년 혹은 50년 후 맛의 변화를 예상하고 만든 차도 아니라고 생각합니다.

3부

용어해설

용어해설

• 거풍(擧風) : 긴압차 혹은 산차를 넓게 펴서 그늘진 곳에 보관하며 불쾌한 냄새를 휘발시키는 과정을 거풍이라고 한다. 보이차는 거풍 과정에서도 산화 발효에 영향을 미친다.

• 고차수(古茶樹) : 차 나무 수령이 100년 이상된 것을 말한다.

• 금화 :복전차의 제다 과정에서 발화(發花)라는 독특한 과정을 거치면 생장 기간 중 노란색의 자낭에 싸여있는 관돌산냥균이라는 균이 생긴다. 모양과 색이 금색이라 금화라 부른다. 자연적인 금화는 시간이 오래 걸린다면 지금의 금화는 발화 제조과정에서 금화가 오래되지 않은 차에서도 금화가 많은 것을 볼 수 있다.

• 긴압차(緊壓茶) : 산차를 고온의 증기로 쪄서 압력을 통해 여러 형태로 만든 차이다

• 단백질 : 생엽안의 단백질 함량은 25~30%이다. 단백질은 폴리페놀과 결합하는 성질이 있는데, 가공중에 폴리페놀과 결합하면 쓴맛과 떫은 맛이 줄어든다. 이유는 살청 과정에서 온도가 올라감에 따라 단백질의 결합구조가 수분에 의해 분해되어 아미노산이 됨으로써 차의 아미노산 함량이 증가하기 때문이다.

• 당류 : 생엽의 20-30%를 차지하는 당류는 단당, 과당, 다당으로 분류된다.

• 리파아제(Lipase) : 원래는 췌장에서 생성되어 지방을 분해하는 효소중 하나이다. 차에서는 차에 함유된 지방을 분해하며 체내에서의 흡수를 용이하게 도움을 준다.

• 미네랄(mineral) : 지각에서 발견되는 천연 물질로서, 고체, 액체, 기체로 존재할 수 있다. 미네랄은 지각의 다양한 화학 조건에서 형성될 수 있으며, 그 성질은 화학 조성, 결정 구조, 색상, 질감 등에 따라 다양하다. 미네랄은 생명체에게 필수적인 영양소 중 하나이며, 우리 몸에서는 뼈와 치아의 구성 성분인 칼슘과 인, 혈액과 근육 내의 활성화 작용을

수행하는 마그네슘, 뇌와 신경계 기능을 지원하는 나트륨과 칼륨 등이 포함된다. 미네랄들은 우리 몸에서 정상적인 생물학적 기능을 유지하는 데 필수적이며, 미네랄 결핍은 다양한 건강 문제를 유발할 수 있다.

• 미생물 : 미생물은 육체적으로 볼 수 없는 작은 생물체들을 일컫는 말이다. 이들은 대부분 원핵생물과 세균, 바이러스, 곰팡이 등으로 이루어져 있다. 미생물은 우리 생활에 굉장히 중요한 역할을 하며, 다양한 분야에서 활용된다. 예를 들어, 미생물은 식물과 동물의 소화에 관여하고, 자연계의 생분해 과정에서도 중요한 역할을 한다. 또한, 우리가 일상적으로 사용하는 식품과 약품 생산에도 활용되며, 미생물 중에서는 일부가 병원체로 작용하여 인체에 유해한 영향을 미치기도 한다.

• 반생반숙 보이차 : 숙차와 생차를 섞어만든 보이차, 예전엔 반생반수차를 외면했지만 지금은 병배또는 융합이라는 의미에서 적당히 병배해서 조화를 이룬다.

• 방향물질 : 생엽속의 함량은 0.03~0.05%이지만 차의 향기를 이루는 주요물질이다. 성분은 알데히드, 알코올 테르펜, 케톤 등으로 고산차와 봄차에 많이 함유되어있다.

• 보이차 : 학명은 Camellia sinensis 이고 중국 윈난 성에서 생산되

며, 운남 대엽종으로 제조공정이 되어야하며 햇볕에 건조되어(晒青) 만든 차며 후발효를 기대하는 차이다. 보이차는 생차.숙차로 나누어진다. 산소가주체 즉, 습도 온도 산소등이 추체가된 생차. 미생물이 주체가된 숙차 크게두 가지이다. 중국 정부에는 이 두가지를 보이차라 하고 있다.

• 발효(醱酵 fermentation) : 미생물의 작용에 의해 유기물질이 분해 또는 변화하여 몇 개의 물질이 생성되는 현상.좁은뜻에서 탄수화물이 무산서적으로 분해되는 반응계를 거쳐 일어나는 과정을 뜻하기도 하다. 미생물의 하나인 효모의 작용에의해 당(糖)으로부터 알콜과 이산화탄소가 생성되는 알콜올발효가 대표적이지만 이밖에도 젖산균에 의해 당으로부터 젖산이 생성되는 젖산발효, 아세트산균에 의해 에틸알콜로부터 아세트산이 생성되는 아세트산발효,어떤 종류의 세균에의해 당과 암모니아로부터 글루탐산 등의 아미노산이 생성되는 아미노산발효 등 다양한 발효 현상이 알려져있다. 이러한 정의와는 별도로 효모에 의한 알콜올발효의 연구를 통하여 발효는 생물학적으로는 산소가 없는 상태에서 당(유기물)의 분해로 생기는 에너지를 효모(생물)가 이용할 수 있는 형태로 만들기 위한 물질대사 과정으로서 모든 생물에 공통적인 것으로 생각하게 되었다. 따라서 생화학에서의 발효는 산소를 이용한 유기물질의 분해과정으로부터 에너지를 이용하는 호흡,빛에너지를 고정하는 광합성과 함께 생물의 에너지획득을 위한 대사(代謝)의 3대 형식의 하

나를 나타내는 말로쓰인다.

• 부패 : 부패는 유기물이 노후되거나 미생물 등의 작용에 의해 변질되는 과정을 말합니다. 일반적으로 유기물이 공기나 물, 온도 등의 조건에 노출되면, 미생물이나 효소 등의 작용에 의해 점차적으로 분해되어 부패됩니다. 부패는 음식물, 동물의 시체, 식물 등 다양한 유기물에서 발생할 수 있으며, 그 결과로 생기는 냄새와 가스, 변색 등의 변화로 인해 생태계나 환경에 영향을 미칩니다. 또한, 부패된 유기물은 미생물의 번식과 성장을 촉진시키는 역할을 하기 때문에, 생태계 내에서 중요한 역할을 합니다.

• 산화(酸化) : 어떤물질이 산소와 화합하는 것. 또는 수소를 포함하는 화합물이 수소를 잃어버리는 것을 말하지만 넓는 의미에서는 원자와 이온이 전자를 잃어버려 정전하를 증가시키는 변화를 말한다. 보통은 산소가 다른 물질과 결합하는 반응을 말하지만 유기 화합물이 수소를 잃는 반응도 산화라고 한다. 가장 널리 사용되는 산화의 정의는 전자를 잃는 반응이다. 산화는 화학 반응 중 하나로, 어떤 물질이 산소와 반응하여 산화물을 생성하는 과정을 말합니다. 산화는 일상 생활에서도 많이 볼 수 있는 현상 중 하나이며, 예를 들어, 철이 녹는 것이나, 식물이 산화하여 죽는 것 등이 대표적인 예시입니다. 산화는 대부분 산소와 반응하여 일어나기 때문에, 화재와 연관된 위험한 현상으로도 자주 언급

됩니다. 산화가 일어나면, 원래 물질의 성질이 변화하게 되며, 때로는 원래 물질보다 더 안정적인 산화물을 생성하기도 합니다. 이러한 과정은 종종 화학 반응, 물질의 부식, 노화 등과 연관되어 있습니다.

• 산화발효(酸化醱酵 oxidative fementatation) : 산소의 존재하에서 기질응 불완전하게 산화하여 반응액 속에 불완전 산화의 생성물을 축적하는 발효호기성발효, 산소서발효라고도 한다. 무산소상태에서 행하여지는 보통의 발효(혐기성발효)에 대응하여 쓰이는 용어이다. 미생물중 발효에 관계하는 효소가 없거나 활성이 저하되어 있을 때 중간대사산물이 축적된다. 인위적으로 얻는 변이주(變異株) 중에서 특정의 대사경로가 강해져 중간산물이 축적되기도 한다. 생성물은 다양하여 생성물은 따라 아세트산발효. 글루콘산발효, 시트르산발효. 아미노산발효등으로 나뉜다.

• 살청 : 차의 살청은 제다 공정 중 효소를 조절하는 과정이다. 효소는 65도 이상이면 실활 되는 특징이있다. 그래서 효소를 실활 시키는 목적 이외에도 단백질 변형을 일으키는 겁니다. 효소는 단백질입니다 찻잎 속에 있다가 조건이 맞으면 활성 되다가 조건이 안 맞으면 활성이 안되는 것입니다. 녹차는 최대한 살청을 극대화한 차입이다. 보이차는 어떨까요 후발효를 기대해야 하니 짧은 살청을 합니다. 그래서 차의 종류에 살청의 제어하고 통제함으로써 여러종류의 차가 탄생하는 것입니다. 살청은 효소 실활, 수분 조절,향기 휘발에 목적이 있습니다.

• 생진 : 차를 마신후 입 안에서 침이 분비되는 현상이다.

• 생차(生茶) : 운남 찻잎으로 탄방(攤放)-살청(殺靑)-유념(揉捻)-일광건조한 차(쇄청)을 마치고 긴압한 차로 인공적인아닌 자연완만효소(산화,후발효) 발효차이다. 산소가 주체가 된 보이차이다. 보이차는 미생물이 주체냐 공기가 주체냐라는 표현을 하지만 효소는 살청과정에서 없어진다. 그럼 생차는 갈변주체가 효소가 아닌 산소이므로 비효소 발효라고 한다.

• 쇄청건조 : 향기를 고정하고, 수분을 정리하는 등의 차의 마지막 과정이다. 일반 차들은 산화효소든 그냥 산화든 건조와 쇄청 건조가 있다. 효소는 티폴리페놀을 만나면 산화효소로 바뀐다. 쇄청건조는 효소가 좋아하는 온도 441~44.3 정도다. 유념이 끝난 찻잎을 햇볕에 건조하면 찻잎에 남은 효소들이 활발하게 생성되면서 건조가 되는 과정이다. 쇄청즉 햇볕에 건조되면서 단백질.티폴리페놀합성 방향물질 등등 변화가 생기게 된다. 햇볕은 식물의 색소와 지질의 산화를 촉진할 뿐아니라, 찻잎의 엽록소는 햇볕을 받으면 퇴색하는데 햇볕 중에서 자외선이 가시광선보다 퇴색에 영향을 더크게 미친다 오랜시간 햇볕에 노출되면 엽록소가 탈 마그네슘 엽록소로 변한다. 여러 가지 화학변화에 쇄청 건조는 보이차의 후발효에 중요한 과정이다.

• 숙차(熟茶) : 운남서에서 생산된 찻잎으로 탄방(攤放)-살청(殺靑)-유념(揉捻)-일광건조한 차(쇄청)를 악퇴(渥堆)과정을 거치고 미생물이 주체가 되어 발효를 거친 차이다.

아미노산 : 차의 아미노산은 차의 맛, 차의 품질에 영향을 미친다. 흔히 들 감칠맛으로 많이 아는데 실험에서는 30가지 이상 실험을 한다. 단백질이 고분자이므로 단백질이 가수분해되어야 수용성 아미노산으로 차탕에 내려진다. 단백질은 열에 의해서 작은 펩티드로 분해된다. 여기서 친수성이 강한 폴리펩티드는 글루탐산을 함유한 쓴맛과 함께 감칠맛을 유도한다. 보이차 발효과정 중에 수용성 단백질은 계속 감소한다. 그 이유는 미생물의 영양원으로 소비되고 가수분해 또는 줄거나 다른 물질과 반응을 일으킨다고 본다. 그래서 폴리페놀이 단백질과 결합하면 불용성이 되어 엽저에 남는 것이다.

• 아밀라아제(Amylase) : 아밀라아제는 주로 전분을 분해하는데 작용을 하지만 주로 탄소화물을 분해하는 산화효소다.

• 악퇴(渥堆) : 고온 다습한 환경에 10톤 이상 쌓아두고 갈변하는 과정을 거치는 과정이다 즉. 미생물이 좋아하는 환경을 만들어 습열작용이 이루어지게 하며 이로인해 미생물이 성장 번식하면서 발효과정을 거치는 과정이다, 퇴적한 잎의 양이 많을수록 찻잎의 온도가 높아져 여러 화학 변화를 겪는다.

• 엽록소(葉綠素 chiorophyll) : 엽록소는 빛에너지를 흡수하여 이산화탄소(Co2)를 탄수화물로 동화시키는 역할을 하며 클로로필이라고도 한

다. 녹색식물은 그잎에 타원형인 엽록체가 들어있다. 엽록소는 그색이 녹색이기 때문에 잎이녹색으로 보이며 지용성이므로 차를 우려보면 습저 즉 젖은잎에 남아있다. 엽록소는 대부분 녹색채소에 존재하기도 한다.

유념 : 기계나 사람의 힘으로 찻잎에 마찰을 가해 세포 조직을 파괴하면서 잎을 돌돌 말린 형태로 만드는 작업. 유념은 세포조직을 파괴하여 당이라는 펙틴물질로 산화와 발효에 효과가 있으며,유념의 강약에 의해 차의 품질에 영향을 미친다.

• 차갈소 : 수용성 성분으로 폴리페놀 산화 중합산물과 아미노산 당류등 다양한 물질로 이루어진 복잡한 구조로 이루어져 있다. 어두운 갈색의 탕색을 내며 진향과 단맛을 낸다.

• 차황소 : 수용성 성분으로 오렌지색과 떫은맛을 내며, 차홍소, 단백질, 카페인과 결합해 크림다운 현상을 일으킨다.

• 차홍소 : 구조가 차황소보다 복잡한 페놀성화합물이다. 차황소와 중합하여 고분자를 이룬다.

• 청향 : 청향을 내는 물질은 리나놀, 이오논, 네놀리돌, 리모낸 등의 성

분이 주를 이루는데 보이 생차에서 나오는 향기이다 맑은 꽃향과 신선한 향이다

• 카테킨(catechin) : 떫은맛을 내며 폴리페놀의 일종이다. 차에서 카테킨은 여러 가지로 정리되는데 부드럽고 온화한 쓴맛은 유리형 카테킨이라 하며, 떫은 맛을 내는 에스터형카테킨, 강한 쓴맛과 떫은 맛을 내는 결합형 카테킨이 있다. 차에서 카테킨은 매우 중요하다 그 이유는 폴리페놀이며 그 역할 이 중요하기 때문이다. 감의 탄닌은 떫은데 차의 탄닌은 단백질과 분리되어 입안이 덜 텁텁해지는 것이다. 그 종류로는 카테킨 에피카테킨, 갈로카테킨, 에피갈로카테킨, 에피카테킨 갈레이트, 에피갈로카테킨갈레이트이다. 그 중에 카테킨 에피카테킨, 갈로카테킨,에피갈로카테킨는 유리형카테킨이라하고 에피카테킨갈레이트, 에피갈로카테킨갈레이트는 에스터형 카테킨이라고도 부른다. 여기서 중요한 것은 식물에서 페놀 화합물은 수천종류가 더 되지만 그 중 차에서는 몇십 종류밖에 안된다. 그래서 일반식물과 구별하기 위해 차의 폴리페놀을 티 폴리페놀(tea polyphenol)이라고 한다. 일조량이 많을수록 찻잎의 폴리페놀 함량이 많아진다.

• 탄방 : 보이차의 제다 과정 중 탄방이라는 과정이있다.녹차나, 홍차는 위조라는 용어를 쓴다. 탄방은 차를 제다하는 과정 중에 정말 필요한 과정이다 차를 제다하는 과정 중 어느 것 하나 중요치 아니 한게 없다. 차

의 수분 날리기와 생엽의 리프알코올향기 날리기 등 다음 공정에 손쉽게 줄기와 잎의 수분 맞추기 등 이탄방 과정을 잘 통제하여 차□ 여러 가지 맛과 향을 제어할 수도 있다. 요사이는 탄방을 좀 더 오래 하여 향기성분을 좀더 유도 하기도 한다. 차에서 제다 과정 중에 수분을 잘 통제하여야 차의 비린 맛, 신맛을 통제하여 차의 품질을 높일 수 있기 때문이다.

• 탄소동화작용 : 녹색 식물이 수분을 뿌리에서 흡수해서 광에너지를 이용하여 CO_2를 받아들이고 O_2를 방출하는 과정이다. 빛에너지를 이용해서 당과 산소와 에너지를 생성하고 자신이 필요로 하는 유기영양분과 에너지를 만드는 작용이다. 모든 식물은 광합성을 통해 탄소동화작용이 이루어진다. 광합성이란 광(태양)에너지를 통해 에너지를 이용하여 이산화탄소(CO_2)와 물을 이용해 유기물인 포도당과 과당을 합성하는 과정을 광합성(光合成)이라 한다. 식물은 반드시 광합성을 통해서 탄소를 흡수하고 산소를 방출한다. 광합성을 통해 생산된 당분은 식물의 에너지원이 되기도 하고 식물이 자라고 성장하면서 식물의 생명 유지에 꼭필요한 성분이다. 식물은 광합성을 통해 탄소동화작용이 꼭 필요한 과정이다. 그리고 우리인간도 숨쉬며 살아갈 수 있다는 것이다

• 티폴리페놀(tea-polyphenol) : 식물이 자신을 외부로부터 보호하기 위해 만드는 페놀 화합물이다. 티폴리페놀은 쓰고 떫은 맛을 내고 산소와 쉽

게 산화가 된다. 티폴리페놀은 차 품질을 구성하는 중요한 물질이기도 하며 그중 카테킨이 60~80%를 차지한다. 차의 발효와 산화를 일으키는 물질이다. 티폴리페놀은 찻잎의 세포 속에 주로 있다.

• 펙틴(pectin) : 일반적인 펙틴은 섬유소이며 탄수화물이다. 보이차에서는 특히 숙차에 결합을 이루는 성분이며 단당으로 분해되고 찻잎과 찻잎이 붙어 있도록 해주는 역할을 한다. 주로 보이차 노차두에서 그 현상을 볼 수 있다.

• 폴리페놀옥시데이스(polyphenooxidase) : 식물에 존재하는 효소중 하나다. 폴리페놀 화학반응을 산화시키는 촉매제 역할을 하는 효소 촉매제이다.

• 향기차의 향기 성분은 너무 방대하고 아직 밝혀지지 않은 것도 많다. 실험적으로 살펴보면 우선 차의 향기는 찻잎에 들어 있는 방향물질이 결정한다. 그리고 차의 종류에 따라서 방향물질도 달라지는 게 당연하다. 보이차의 향기는 차의 품질을 결정하는 중요한 성분이다. 차를 제다하는 과정에 탄방에서 수분날리기도 있지만 향기성분이 생성되기도 한다. 향기 성분은 주로 알콜류, 에스테르류, 락톤류, 알데히드류, 산류, 케톤류, 페놀류 등이 있다. 많은 연구로 200여종이상 향기 성분이 분리되고 찻잎으로도 연구가 계속될 것으로 본다

• 회감 : 차를 마신 후 어느정도의 시간이 지나서 인지되어 목에서부터 올라오는 단맛이다.

• 회첨 : 차를 마신후 구감 중 하나로 입안에서 직접적으로 느끼는 단맛을 표현하는 용어이다.

• 효모 : 미생물 중 하나로서, 이스트(영어로는 yeast)라고도 불린다. 효모는 일종의 단세포 생물체로서, 일반적으로 분무기나 액상 형태로 사용된다. 효모는 발효 과정에서 설탕을 이용하여 에너지를 생산하면서, 이산화탄소와 알코올을 생성한다. 이러한 반응은 맥주나 와인 제조 과정에서 중요한 역할을 한다. 또한, 빵 제조 과정에서는 효모가 가지고 있는 발효능력을 이용하여 반죽을 발효시킨다. 이 과정에서 효모는 설탕을 이용하여 이산화탄소와 알코올을 생성하면서 반죽을 부풀리고, 탄력성을 부여한다. 효모는 또한 발효뿐만 아니라 건강에도 좋은 영향을 미치는데, 프로바이오틱스로 분류되며, 소화기계 건강을 유지하고 면역 체계를 강화하는데 도움이 된다. 또한, 효모에는 비타민 B, 미네랄 등이 풍부하게 포함되어 있어 건강한 식단에 필수적인 영양소를 제공한다.

• 효소 : 효소(enzyme)는 생물학에서 화학반응을 촉진하는 단백질 분자를 말한다. 효소는 생명 활동을 유지하기 위해 필요한 화학반응을 가능

하게 하며, 화학반응 속도를 촉진하여, 생명체에서 수행되는 대부분의 생화학 반응에 중요한 역할을 하며, 다양한 종류가 존재한다. 예를 들어, 소화 효소는 소화 과정에서 음식물을 분해하는 역할을 한다. 이때 소화 효소는 음식물에서 단백질, 탄수화물, 지질 등을 분해하여 소화가 용이하게 한다. 또한, 생체 내에서는 대사 작용을 하는 효소, DNA 복제나 RNA 합성과 같은 유전자 작용을 하는 효소 등 다양한 역할을 하는 효소가 존재한다.

• 효모(酵母)균 : 단세포 미생물이다. 보이차 발효할 때 생기는 미생물중 하나이다. 발효과정중에 흑곡균과 더불어 발생하는 미생물이다. 효모균이 와인에 관여할 땐 당을 알콜로 변화시켜 발효작용을 한다. 효모균이 청국장,치즈에도 관여해서 발효작용을 하고 빵제조시에는 반죽을 발효시키는 작용을 하기도 한다.

• 흑국균(黑麴菌-Aspergillus niger)

보이차 발효과정 중 가장 많이 생기는 미생물이다 발효 초기에 많이 발생하였다가 조금씩 줄어든다 누룩곰팡이의 일종이다

학술 논문

필자가 늘 궁금하였던 보이차에 대한 정보를 과학적으로 접근하여 국제학술지에 발표한 내용 가운데 일부를 이 책에서 소개하게 되었다. 그와 함께 학위 논문에서도 항산화의 효과에 관한 내용만 일부 발췌한 것은 이 책을 보는 독자에게 보이차를 즐기는 방법에서 학술적으로 궁금한 부분을 해소해기 위한 것이다. 영어로 발표된 내용을 한글로 온전하게 번역하는 것이 어려웠다. 하지만 가장 좋은 방법으로 번역과 편집을 한 점에 있어서 이해를 구합니다.

1

Comparison of quality and bioactive components
of Korean green tea, white tea,
and black tea and their GABA teas

녹차와 백차, 홍차와 가바차의 생물 활성 성분과 품질 비교

Running title: Production and investigation of Korean GABA tea

한국가바차의생산과조사

Ⅰ.서론

매력적인 향과 맛, 건강 증진 효과로 인해 차는 전 세계적으로 가장 인기 있는 무알코올 음료 중 하나입니다. 시중에는 다양한 종류의 차 제품이 있습니다. 6가지 범주로 그룹화할 수 있습니다. 녹차, 백차, 황차, 청차, 홍차 및 흑차; 처리 즉, 제다 방법을 기반으로 합니다(Hilal, 2017). 녹차, 백차 및 황차는 최소한의 가공을 거칩니다. 청차(우롱차)와 홍차는 산화 처리하며, 흑차는 발효 처리를 합니다. 계절, 잎의 나이, 기후, 종 및 재배 방식은 차의 구성에 영향을 미치는 주요 요인입니다(Lin et al., 1996).

녹차는 건조 전에 폴리페놀 산화효소를 비활성화하고 산화를 최소화하기 위해 잎을 말리기도 하고 쪄서 준비합니다(McKay and Blumberg, 2002). 녹차는 플라바놀, 플라바디올, 플라보노이드 및 페놀산을 포함한 폴리페놀이 풍부하며 건조 중량의 최대 30%를 차지합니다(Hertog et al., 1993). 녹차의 주요 플라보노이드는 에피카테킨, 에피갈로카테킨, 에피카테킨-3-갈레이트, 에피갈로카테킨-3-갈레이트(Sano et al., 2001)와 같은 다양한 카테킨으로, 우롱차나 홍차보다 더 풍부합니다(Vinson, 2000). 연구에 따르면 녹차의 카테킨은 퇴행성 질환에 대해 어느 정도 보호하고(Crespy and Williamson, 2004), 항종양제 역할을 하며(Roomi et al., 2005), 산화 스트레스와 신경학적 문제를 예방하는 데 효과적입니다(Babu et al., 2006 ; Unno et al., 2007).

백차는 새싹이나 아주 어린 잎을 따서 만든 다음, 섬세한 흰 잎털이 그대로 남아 있어 '백차'처럼 보이도록 최소한의 가공으로 건조합니다. 또한, 어린 새싹은 햇빛에 대한 노출이 최소화되어 엽록소 함량이 감소하여 차가 흰색으로 보입니다(Alcázar et al., 2007).

홍차의 제조에는 수확, 위조, 유념, 발효 및 건조와 같은 여러 작업이 포함됩니다(Robertson, 1992). 발효 과정에서 폴리페놀의 효소적 산화는 홍차에 독특한 색과 풍미를 제공하는 테아플라빈과 테아루비긴을 형성합니다(Robertson, 1992; Lin and Liang, 2000). 아플라빈은 항비만, 항암, 항동맥경화, 항염, 항바이러스, 항박테리아, 항골다공증 및 항치아우식 특성과 같은 다양한 건강상의 이점을 보여줍니다(Takemoto and Takemoto, 2018). 마찬가지로 테아루비긴은 염증을 줄이고 위장 운동성을 개선하는 능력과 함께 항산화, 항돌연변이 및 항암 특성을 비롯한 여러 가지 역할을 합니다(Jt and Je, 2020).

아미노산 γ-아미노부티르산(GABA)은 주요 억제성 신경전달물질 중 하나로 알려져 있으며, 뇌졸중 및 신경퇴행성 질환 조절; 불안, 진정 및 항경련 완화; 및 근육 이완 기능(Takahashi et al., 1955; Mody et al., 1994; Oh and Oh, 2004), 학습 및 기억력 향상과 관련이 있습니다. 많은 양의 GABA가 녹차에 축적되어 발견되었습니다(Tsushida et al., 1987). 나중에 그들은 우롱차와 홍차를 포함한 모든 차에서 GABA를 발견했습니다. 실험용 동물과 인간에서 GABA의 많은 건강상의 이점으로 인해, GABA 차는 상업적 규모로 생산되었습니다(Wang et al., 2006).

일반 차와 GABA 차 유형에 대한 비교 연구는 부족합니다. Wang et al. Wang et al. (2006)은 GABA 차와 신선한 찻잎으로 만든 녹차의 생리 활성 성분을 연구했습니다. 본 연구의 목적은 시판되는 녹차, 백차, 홍차로부터 GABA 차를 제조하고, 이들 간의 물리화학적 특성 및 생리 활성 성분을 비교하는 것입니다. 이 연구의 발견은 다양한 GABA 차를 연구하고 유용하게 산업화하는 데 리소스가 될 수 있습니다.

Ⅱ.재료 및 방법

1) 화학물질 및 시약

Folin-Ciocalteu 페놀 시약 및 1,1-diphenyl-2-picrylhydrazyl(DPPH), 갈산 및 케르세틴은Sigma-Aldrich(St. Louis, MO, USA)에서 구입했습니다. 사용된 모든 화학물질과 시약은 분석 등급이었습니다. 경상남도 하동군에서 재배되는 시판 건차 녹차, 백차, 홍차 3종을 현지 상점에서 구입하였습니다.

2) GABA 차 및 차 추출물의 제조

상업적으로 이용 가능한 녹차, 백차 및 홍차의 GABA 차는 앞서 설명한 기술(Wang et al., 2006)에 따라 약간 수정하여 준비했습니다. 상업적인 차 샘플을 별도로 질소가 채워진 챔버에 8시간 동안 넣은 다음 환경적으로 제어된 호기성 조건에서 3시간 동안 계속 흔들었습니다. 이 두 단계를 두 번 수행한 후 5시간 동안 혐기성 발효를 수행했습니다.

6개의 차 샘플 모두 Choi et al.에 의해 설명된 대로 끓는 물로 추출되었습니다(2018). 차 추출물의 이름은 다음과 같습니다. GT: 끓는 물(150mL)로 추출한 상업용 녹차(1.5g); GGT: 끓는 물(150mL)로 추출한 GABA 녹차(1.5g); WT: 끓는 물(150mL)로 추출한 시판 백차(1.5g); GWT: 끓는 물(150mL)로 추출한 GABA 백차(1.5g); BT: 끓는 물(150mL)

로 추출한 시판 홍차(1.5g); 및 GBT: 끓는 물(150mL)로 추출한 GABA 홍차(1.5g).

3) 색상 측정

6가지 차 추출물에 대한 Hunter의 색상 값은 Kim et al. (2014)에 의해 설명된 방법에 따라 특정되었습니다. 추출물의 L*(명도), a*(적색, + 또는 녹색, -) 및 b*(황색, + 또는 청색, -) 값은 Chroma Meter(CR-300; Minolta Corp., 일본 오사카)을 사용하여 특정되었습니다. Minolta 보정 플레이트(YCIE=94.5, XCIE=0.3160, YCIE=0.330) 및 Hunter Lab 표준 플레이트(L*=97.51, a*= -0.18, b*= +1.67)를 사용하여 D65를 사용하여 기기를 표준화했습니다. D65 발광체를 사용하여 기기를 표준화하기 위해 Minolta 교정판(YCIE=94.5×CIE=0.3160, YCIE=0.330)과 Hunter lab 표준판이 사용되었습니다.

4) 무기질 함량 분석

0.5g의 건조 차 샘플을 15mL 질산(65%)으로 처리한 다음, 동일한 부피의 증류수를 혼합물에 첨가했습니다. 무기질 원소의 농도는 Skujins(Skujins 1998)가 설명한 방법에 따라 유도결합 플라즈마 원자 방출 분광기(ICP AES, Varian Vista Inc., Victoria, Australia)를 사용하여 측정되었습니다.

5) 유리 아미노산 함량 분석

차 추출물의 유리 아미노산 프조성은 Je et al.의 절차를 따라 측정되었습니다(2005). 1mL의 차 추출물을 110℃에서 24시간 동안 밀봉된 진공 앰플에서 6N 염산(10mL)으로 가수분해했습니다. 회전증발농축기를 사용하여 가수 분해된 샘플 혼합물로부터 염산을 제거하였습니다. 응축된 혼합물의 부피를 0.2M 시트르산나트륨 완충액(pH 2.2)을 사용하여 5mL로 만들었습니다. 반응 혼합물을 Sep-Pak C18 카트리지(Waters Co., Milford, MA, USA)에 통과시키고 0.22-μm 멤브레인 필터(Millipore, Billerica, MA, USA)를 통해 여과하였습니다. 아미노산 함량은 자동 아미노산 분석기(Biochrom-20, Pharmacia Biotech Co., Stockholm, Sweden)를 사용하여 측정하였습니다.

6) DPPH 자유 라디칼 소거 활성 측정

차 추출물의 DPPH 라디칼 소거 활성은 앞서 설명한 기술에 따라 결정 되었습니다(Blois, 1958; Dhungana et al., 2019). 새로 준비한 DPPH 0.2mM 에탄올 용액 100μL와 차 추출물 100μL를 96웰 플레이트에 혼합한 다음, 실온에서 어두운 조건에서 30분 동안 인큐베이션했습니다. 30분의 인큐베이션 후, 반응 혼합물의 흡광도 값은 마이크로플레이트 분광 광도계(Multiskan GO, Thermo Fisher Scientific, Vantaa, Finland)를 사용하여 517nm에서 측정하였습니다.

7) 총 폴리페놀 함량 측정

총 폴리페놀 함량은 Dhungana et al.에 의해 기술된 절차에 따라 Folin-Ciocalteau 방법(Singleton et al., 1999)으로 측정되었습니다. (2016). 차 추출물(50㎕) 및 2%(w/v) 수성 탄산나트륨(1mL)을 2mL 튜브에서 혼합하고 실온에서 3분 동안 방치했습니다. 그런 다음, 50μL의 1 N Folin-Ciocalteau 시약을 혼합물에 첨가하고, 어두운 조건에서 실온에서 30분 동안 인큐베이션했습니다. 반응 혼합물의 흡광도 값은 마이크로플레이트 분광광도계(Multiskan GO; Thermo Fisher Scientific)를 사용하여 750nm에서 측정하였습니다. 총 폴리페놀 함량은 갈산(GA)을 표준으로 하여 그린 검량선을 사용하여 측정되었습니다.

8) 총 플라보노이드 함량 측정

차 추출물의 총 플라보노이드 함량은 앞서 설명한 방법에 따라 측정되었습니다(Zhishen et al., 1999; Dhungana et al., 2016). 차 추출물(100㎕), 메탄올(500㎕), 10% 염화알루미늄(50㎕), 1M 염산(50㎕), 증류수(300㎕)를 마이크로튜브에 넣고 실온에서 30분간 정치하였습니다. 어두운 조건에서 분. 30분 인큐베이션 후, 반응 혼합물의 흡광도 값을 마이크로플레이트 분광 광도계(Multiskan GO, Thermo Fisher Scientific, Vantaa, Finland)를 사용하여 510nm에서 측정했습니다. 총 플라보노이드 함량은 퀘르세틴(QE)으로 표시된 표준 검량선을 사용하여 계산되었습니다.

9) .통계 분석

데이터는 SAS 9.4(SAS Institute, Cary, NC, USA)의 분산 분석을 사용하여 분석되었으며, 표본 평균 간의 유의한 차이는 $p < 0.5$에서 Tukey 테스트를 사용하여 결정되었습니다. 3회 반복의 평균값을 보고했습니다.

Ⅲ. 결과 및 논의

1) 차 추출물의 Hunter's 색상

차 추출물 색상 값은 홍차의 황색도 값을 제외하고 일반 차와 GABA에서 유의한 차이를 보였습니다(표1). 명도 값은 녹차(88.35)와 백차(87.45)가 GABA 차(각각 86.66, 86.98)보다 높았습니다. 반대로 적색도와 황색도는 녹차(-3.68, 20.93)와 백차(-0.34, 15.82)가 GABA 차(5.81, 55.03, 0.43, 17.15)보다 낮았습니다. 홍차의 경우 GABA 홍차가 명도 값이 더 높았으나 적색도 값은 더 낮았습니다.

GABA 차의 더 높은 적색도와 황색도에 대한 유사한 결과가 이전에도 발견되었습니다(Wang et al. 2006). 발효 조건의 차이는 차의 색상에 영향을 미칠 수 있습니다(Liang et al. 2003). GABA 차의 더 높은 적색도와 황색도는 호기성 및 혐기성 발효로 인한 것일 수 있습니다(Millin and Rustidge 1967; Wang et al. 2006). 홍차와 GABA 버전의 색상 변화 패턴은 다른 두 차와 달랐습니다. 그 이유는 전(前) 발효 때문일 수 있습니다(Robertson 1992). 차의 색은 모든 차의 주요 속성이기 때문에 차를 GABA 차로 전환하면 시장 가치를 높일 수 있습니다.

2) 무기질 함량

색상 변화 패턴에 따라 총 미네랄 함량 변화는 홍차와 GABA 버전에서 달랐습니다(표2). GT(564.20mg/kg) 및 WT(166.83mg/kg)의 총 미네랄 함량은 GGT 및 GWT에서 각각 434.91 및 139.02mg/kg으로 감소했습니다. 그러나 BT에서 발견된 325.33mg/kg이 GBT에서는 442.44mg/kg으로 증가했습니다. 개별 미네랄 성분도 GABA 차에 따라 다양했습니다. GGT에서 Ca 및 Na의 농도는 더 높았고 K, Mg 및 Zn의 농도는 GT보다 낮았습니다. GWT에서는 WT에 비해 미네랄이 크게 증가하지 않았습니다. Cu를 제외한 모든 광물 원소의 농도는 BT보다 GBT에서 유의하게 높았습니다. As, Cd, Hg 및 Pb와 같은 중금속은 차 추출물에서 검출되지 않았습니다.

그 이유는 명확하지 않지만, GBT의 총 미네랄 함량은 흥미롭게도 증가했지만 GGT와 GWT에서는 감소했습니다. 칼슘 함량에 대한 유사한 결과 패턴이 이전 연구(Hazra et al., 2017)에서 발견되었지만, 결과는 다른 광물에 대해 다양했습니다. 차이는 차의 구성에 실질적으로 영향을 미치는 계절, 잎의 나이, 기후, 종 및 재배 방식의 변화로 인한 것일 수 있습니다(Lin et al., 1996). Zn 및 Mg는 높지만 Cu 함량은 더 낮은 유사한 결과가 홍차보다 녹차에서 발견되었습니다(Shen and Chen, 2008). Na의 농도는 또한 본 연구에서 발견된 바와 같이 녹차에서보다 홍차에서 상당히 더 높았습니다(Ramdani et al., 2013). 다양한 미네랄은 인체에서 다양한 역할을 합니다. Na는 체액 수준을 유지하는 데 도움이 되며 건강한 심장, 간 및 신장에 필수적입니다(Munteanu 및 Iliuţă, 2011). Mg, K 및 Ca는 고혈압 위험을 최소화하는 데 기여합니다(Houston and Harper, 2008).

다른 GABA 차는 다양한 미네랄의 수준을 증가시켜 GABA 차 생산의 잠재적 범위를 암시합니다.

3) 유리 아미노산 함량

GABA 차의 필수, 비필수 및 총 유리 아미노산 함량은 시판되는 일반 녹차, 백차 및 홍차보다 높았습니다(Table 3). 흥미롭게도, 필수 아미노산 히스티딘은 백차와 홍차의 GABA 차에서 검출되었지만, WT(백차)와 BT(홍차)에서는 검출되지 않았습니다. 필수 아미노산 함량은 일반 녹차, 백차 및 홍차보다 GABA 버전에서 28.64, 84.21 및 36.11% 증가했습니다. 유사하게, GGT, GWT 및 GBT의 총 아미노산 함량은 GT, WT 및 BT보다 각각 22.37, 259.83 및 232.42% 높았습니다. 이름에서 알 수 있듯이 GWT와 GBT의 GABA 함량은 각각 561.00배와 294.20배 증가했습니다.

GABA 차의 더 높은 아미노산 GABA 함량은 혐기성 발효의 결과일 수 있습니다(Tsushida et al., 1987). 많은 아미노산의 더 높은 농도라는 유사한 결과가 GABA 차에서 발견되었습니다(Wang et al., 2006). 필수 아미노산은 인체에서 합성되지 않습니다. 식단을 통해 공급해야 합니다. 다양한 아미노산은 인체에서 각기 다른 기능을 합니다. 세 가지 GABA 차 모두에서 증가된 프롤린은 유지, 성장, 번식 및 면역에 필수적인 역할 조절 기능을 가지고 있습니다(Wu, 2009). GABA는 뇌 기능을 향상시키고 혈중 콜레스테롤 수치, 혈압, 뇌혈류 개선뿐만 아니라 당뇨병, 불면

증, 우울증 및 통증에도 기여하는 것으로 알려져 있습니다(Dhakal et al., 2012; Nikmaram et al., 2017). GABA는 뇌졸중 및 신경퇴행성 질환에 대한 학습 및 기억력 향상에 유용하며, 불안 완화, 진정, 항경련제 및 근육 이완 기능에도 효과가 있습니다(Krogsgaard-Larsen, 1989; Mody et al., 1994; Oh and Oh, 2004). GABA 차의 증가된 아미노산 함량은 일반 녹차, 백차 및 홍차에서 GABA 차를 생산할 수 있는 좋은 옵션을 제공합니다.

4) 블렌디드 차의 항산화 활성

일반 녹차, 백차, 홍차 및 GABA 차의 DPPH 자유 라디칼 소거 활성은 크게 다르지 않았습니다(표4). 반면, 총 폴리페놀과 총 플라보노이드 함량은 GABA 백차에서 유의하게 동일했지만, GABA 녹차 및 GABA 홍차에서 감소했습니다(표4).

현재 연구에서 발견된 홍차와 백차보다 상업용 녹차의 폴리페놀 함량이 더 높다는 것은 이전 연구와 일치했습니다(Rusak et al., 2008; Widowati et al., 2015; Zhao et al., 2019). 유사하게, 다른 연구에서 총 폴리페놀 화합물 함량은 현재 연구에서 발견된 바와 같이 녹차에 비해 GABA 차에서 약간 더 낮았습니다(Wang et al., 2006). GABA 차의 낮은 폴리페놀 함량은 폴리페놀 산화효소에 의한 발효가 연장되었기 때문일 수 있습니다(Atoui et al., 2005). 총 폴리페놀과 총 플라보노이드의 양은 GABA 녹차와 GABA 홍차에서 유의하게 감소했지만, DPPH 자유 라디칼 소거 활성을 통해 측정된 항산화 잠재력은 감소하지 않았습니다. 식품의 전반적인 항산화 잠재력은 특정 항산화제의 분할 특성, 산화 조건 및 산화 가능한 기질의 물리적 상태와 같은 여러 요인의 상호 작용 결과입니다(Frankel and Meyer, 2000).

따라서 총 폴리페놀 및/또는 총 플라보노이드 양의 눈에 띄는 감소가 본 연구에서 발견된 바와 같이 항산화 잠재력을 항상 감소시키는 것은 아닙니다.

Ⅳ 결론

한국산 녹차, 백차, 홍차 및 이들의 GABA 차의 품질 및 생리활성 성분을 평가하였습니다. 이는 녹차, 백차, 홍차를 GABA 차를 가공함으로써 그 영향을 받았습니다. 총 미네랄 함량은 GABA 녹차와 GABA 백차에서 감소했지만, GABA 홍차에서는 증가했습니다. 필수, 비필수 및 총 유리 아미노산의 농도는 GABA 차에서 상당히 개선되었습니다. GABA 백차와 GABA 홍차의 아미노산 GABA 함량은 각각 561.00배와 294.20배 증가하였다. 총 폴리페놀과 총 플라보노이드 함량은 GABA 녹차와 GABA 홍차에서 감소했지만, DPPH 자유 라디칼 소거 활성을 통해 측정한 항산화 잠재력은 감소하지 않았습니다. 종합적인 결과는 상업용 녹차, 백차 및 홍차를 GABA 차로 가공함으로써 영양가를 향상시킬 수 있음을 시사합니다.

참고문헌

Alcázar A, Ballesteros O, Jurado JM, Pablos F, Martín MJ, Vilches JL, Navalón A. 유리 아미노산 함량에 따른 녹색, 흰색, 검은색, 우롱차 및 Pu-erh 차의 구별. J. Agric. 음식. 화학55: 5960 - 5965 (2007)

Atoui AK, Mansouri A, Boskou G, Kefalas P. 차 및 허브 주입: 항산화 활성 및 페놀 프로필. 식품화학89: 27 - 36 (2005)

Babu PVA, Sabitha KE, Shyamaladevi CS. 스트렙토조토신 당뇨병 쥐의 대동맥과 심장의 산화 스트레스에 대한 녹차 추출물의 치료 효과. 화학 바이올. 상호 작용합니다. 162: 114 - 120 (2006)

블루아MS. 안정한 자유 라디칼을 사용하여 항산화제 측정. 자연181: 1199 - 1200 (1958)

최승에이치, 김아이디, 둔가나SK, 김디지. 두 가지 온도에서 재배한 보얼차와 구슈보얼차 추출물의 품질 특성과 항산화 가능성 비교. J. Pure App. 미생물. 12: 1155 - 1161 (2018)

Crespy V, Williamson G. 생체 내 동물 모델에서 녹차 카테킨의 건강효과 검토. J. Nutr. 134: 3431S-3440S (2004)

Dhakal R, Bajpai VK, 백K-H. 미생물에 의한 GABA(γ-아미노부티르산) 생산: 검토. 브라즈. J. 미생물. 43: 1230 - 1241 (2012)

Dhungana SK, Kim I-D, Adhikari B, Kim J-H, Shin D-H. 옥수수와 콩의 뿌리 추출물로 잡초의 발아 및 묘목 활력 감소 및 타감 작용으로 정의 된 메커니즘. J. 작물 과학. 생명공학. 22: 11 - 16 (2019)

Dhungana SK, Kim I-D, Kwak H-S, Shin D-H. 구조적으로 다른 종류의 살충제가 대두의 발아 및 초기 식물 성장에 미치는 영향 규명 [Glycine max (L.) Merr.]. 살충제. 바이오켐. 생리. 130: 39 - 43 (2016)

Frankel EN, Meyer AS. 1차원적 방법을 사용하여 다기능 식품 및 생물학적 항산화제 평가의 문제점. J. Sci. 식품농업. 80: 1925-1941 (2000)

Hazra A, Saha J, Dasgupta N, Sengupta C, Kumar PM, Das S. 다양한 인도 가공 차의 건강 혜택 자산: 비교 접근 방식. 이다. J. 식물과학. 08: 1607 - 1623 (2017)

Hertog MGL, Hollman PCH, Katan MB, Kromhout D. 네덜란드 성인의 잠재적인 항암성 플라보노이드 및 그 결정 요인의 섭취. 뉴트르. 암20: 21 - 29 (1993)

Hilal Y. 차(Camellia sinensis)의 형태, 제조, 유형, 구성 및 의약 특성. J. 기본 응용 프로그램. 식물 과학. 1: 107 (2017)

휴스턴MC, 하퍼KJ. 칼륨, 마그네슘 및 칼슘: 고혈압의 원인과 치료 모두에서 이들의 역할. J. 클린. 고혈압. 10: 3 - 11 (2008)

Je J-Y, Park P-J, Jung W-K, Kim S-K. 발효 기간이 다른 발효 굴(Crassostrea gigas) 소스의 아미노산 변화. 식품화학91: 15 - 18 (2005)

Jt B, Je D. 홍차 플라보노이드: 아루비긴과 식이 및 건강에서의 잠

재적 역할에 대한 초점. 뉴트르. 푸드테크놀러지. 오픈 액세스6 (2020)

Kim I-D, Lee J-W, Kim S-J, Cho J-W, Dhungana SK, 임 Y-S, Shin D-H. 감의 천연 추출물(Diospyros kaki Thunb.)의 외인성 적용은 곶감의 영양 및 미네랄 구성을 유지하는 데 도움이 될 수 있습니다. 아프J. Biotechnol. 13: 2231 - 2239 (2014)

Krogsgaard-Larsen P. GABA 수용체. 349~383쪽. In: 수용체 약리학 및 기능. Williams M, Glennon RA, Timmermans PMWM(eds). Marcel Dekker Inc., 뉴욕, 뉴욕, 미국(1989)

Liang Y, Lu J, Zhang L, Wu S, Wu Y. 차 주입의 화학 성분 및 색상 차이 분석을 통한 홍차 품질 추정. 식품화학80: 283 - 290 (2003)

린JK, 량YC. 차 폴리페놀에 의한 암 화학 예방. 절차 내셔널 과학 집사 공화국. 중국B. 24: 1 - 13 (2000)

본연구의 목적(실험을 하게 된 목적)

시판되는 녹차, 백차, 홍차로부터 GABA 차를 제조하고 생리활성 성분을 비교해서 이들 간의 물리학적, 화학적, 성분학적 특성 차이를 찾아내고 연구하는 데 목적을 두었습니다.

그럼으로써 다양한 GABA 차를 연구하여 소비자들의 건강증진에 조금이라고 기여하고 산업화에 도움이 되고자 하는 바람입니다.

가바는 억제성 신경전달물질입니다. 가바는 특정 뇌에 신호를 억제하고 뇌에 있는 가바수용체와 결합하여 수면유도, 불안 초초 긴장 완화, 기억력 증진 등의 도움 물질로 알려져 있습니다.

본 실험의 결과

“본 실험은 원본은 영어로 논문이 되어있어서 최대로 독자들에게 있는 그대로 번역하여 실험 논문을 과학적으로 보여드리기 위해 실었음을 이해해주시길 바랍니다. 실험 시약, 실험 방법, 실험 결과는 논문임을 양지해 주시길 바랍니다. 최대한 번역을 있는 그대로 살리기 위함임을 양해 바랍니다.”

차 실험에는 차 색소 실험, P.H 실험, 유리아미노산 측정, 미네랄 측정 실험, 플라보노이드 함량 측정, ABTS(**항산화 실험 용어**), DPPH 활성 측정(항산화 실험 용어) 등의 실험을 주로 합니다.

본 실험의 결과

밝기(명도)는 녹차, 백차가 GABA 차보다 높았습니다.

미네랄, 아미노산은 GABA 차가 더 높았습니다.

GABA 녹차, GABA 백차, GABA 홍차들이 모든 실험에서 조금씩 함량이 높았습니다.

그리하여 GABA 차를 좀 더 효율적이고 상업적으로 활용하여, 소비자들 건강증진에 유의적으로 이용할 수 있겠습니다.

보이차 용어 중

수분활성도(aw)

보통 미생물이 이용 가능한 자유수를 나타내는 지표 실험이다.

적절한 수분 함량은 미생물이 살아가는 데 있어 중요하다.

미생물 생육 조건에는 수분활성도 측정 실험이 중요하다.

2

Mineral content and antioxidant potential of Pu-erh tea of different storage periods

저장 기간에 따른 보이차의 무기질 함량과 항산화 능력

저자	최성희, 김일두 외
학회지	한국 식품 과학회지 (KOREAN J.FOOD SCI. TECHNOL.)
발행년도	Vol. 55, No. 2, pp.101~105 (2023)
학술지 등급	SCOPUS
원본구분	영 문 판

[초 록]

보이차는 많은 나라에서 마시는 건강 증진 음료이다. 그러나 이 차(tea)의 영양가는 가공 및 저장과 같은 여러 가지 요인에 의하여 상당한 영향을 받는다. 이 연구의 목적은 2년, 9년 및 21년 된 보이차의 무기질 함량과 항산화 능력을 조사하는 것이다.그 결과는 발효차(Fermented tea : FT)의 무기질 함량은 9년과 21년차에서 생차(Raw tea : RT)의 함량보다 높은 값을 나타냈다. 9년차 발효차(FT)는 칼륨(K)함량이 가장 높고, 2년차 발효차(FT)가 가장 낮은 칼륨(K) 함량을 나타냈다. 반면에, 2년차 생차(Raw tea : RT)는 가장 높은 칼륨(K) 함량을 나타냈고,21년 된 생차는 생차 샘플 중에서 가장 낮은 칼륨(K) 함량을 나타냈다. 흥미로운 점은, 9년 된 생차는 모든 샘플 중에서 나트륨(Na), 칼슘(Ca), 마그네슘(Mg) 및 구리(Cu) 함량이 가장 높은 값을 나타냈다. 이러한 결과로 미루어, 보이차가 9년 동안 보관시 무기질 함량과 항산화 활성에 있어 가장 유익하리라는 것을 나타냈다. 또한, 이 연구는 저장 기간에 따른 보이차 영양적 함량 변화에 대한 중요한 내용을 제공하는 것이다.

[서론]

차(tea)는 오랜 역사로 인해 세계에서 가장 많이 소비되는 음료 중 하나이다 대부분 차(tea)는 가공 기술에 따라 6개 그룹으로 구분된다. 녹차, 황차, 그리고 백차의 가공은 최소가공이다. 우롱차와 홍차는 산화 과정을 거치며, 보이차는 발효 과정을 거쳐서 제품화하는 것이다. 보이차를 만드는 방법에는 두 가지가 있다. 첫 번째 방법은 산화되지 않은 큰 찻잎을 압착하여 생보이차를 만든 후, 몇 년간 실온에서 발효시키는 것이다. 보이차를 만드는 대안적인 방법은 미생물을 사용하여 이상적인 조건에서 몇 주 또는 몇 개월간 차를 숙성한 후 압착하는 것이다(Chen 등, 2009).보이차는 특유의 곰팡이내가 있으며, 이는 발효와 엽령(leaf age)에 따라 점점 더 짙어지는 붉은 갈색 또는 회색의 외관, 진하고 밝은 붉은 색상, 그리고 달콤씁쌀한 향기가 더욱 뚜렷이 나타난다(Zhou 등, 2004).보이차는 이미 중국 및 동남아시아 국가에서 인기 있는 음료수로 알려져 있다. 또한 일본, 미국, 영국 및 기타 유럽 국가에서도 인기가 있다. 중국 윈난성(Yunnan Province)지방에서 만들어지는 보이차는 특유의 맛(특히 숙성 차의 풍부한 향기)과 잠재적인 건강상의 이점으로 인해 사람들에게 많은 인기를 얻었다. 이 기능성 음료는 항산화(Fan 등., 2013), 항균(Hu 등1., 2010), 항종양(Zhao 등., 2011), 콜레스테롤 저하(Peng

등., 2013), 항비만(Oi 등 ., 2012)과 혈당강하 효과(Du 등.,2012) 같이 다양한 건강 증진 기능을 가진 것으로 알려져 있다. 차(tea)의 원료, 가공 방법, 추출 용매, 추출 온도(Choi 등, 2019), 추출 시간 (Hajiaghaalipour 등, 2016) 및 차(tea)나무의 연령(Li 등, 2010)등 다양한 요인으로 인하여 최종 보이차가 사람들의 건강에 도움이 되는데 영향을 미친다고 한다. 호크차(Hawk tea)의 총 아미노산 및 미량 원소들은 3년 차에서 최대치에 도달하며, 폴리페놀, 카페인, 라이신, 발린, 아이소루신, 글리신, 프롤린, 칼슘(Ca)및 아연(Zn)은 6년간 보관된 시점부터 계속해서 감소한다고 하였다(Xu 등, 2020). 설탕을 넣은 홍차로 만든 콤부차(kombucha)의 항산화 활성은 보관 기간이 4개월 지난 후에 크게 감소하였다(La Torre 등, 2021). 이전 연구(Choi 등, 2019)는 두 가지 차(tea)종의 품질 특성과 항산화 능력을 조사하였다. 보이차에 대한 연구는 많이 발표되었지만, 다른 보관기간으로부터 보이차의 화학 조성과 기능적 품질에 대한 연구는 거의 연구되지 아니하였다.(Chen 등, 2016). 본 연구의 목적은 다른 보관기간(2, 9, 21년)의 보이차에서 무기질 함량 및 항산화 능력, 그리고 추출 횟수에 따른 총 폴리페놀 함량의 변화를 조사하는 것이다.

[재료 및 방법]

〈시료 및 시약〉

2,2-diphenyl-1-picrylhydrazyl(DPPH),2,2′-azino-bis (3-ethyl-benzothiazoline-6 -sulfonic acid) (ABTS), pyrogallol, Folin-Ciocalteu 페놀시약은 Sigma-Aldrich (St. Louis, MO, USA)에서 구입하여 사용하였다.. 나머지 시약은 모두 분석 등급입니다. 이 연구를 위해 생 보이차와 발효된 보이차 시료는 중국 윈난성(Yunnan Province)에서 구입하여 사용하였다.

〈차(tea) 시료의 제조 및 저장〉

보이차의 제조 방법 Fig. 1과 같이 나타냈다. 본 연구에서 사용된 보이차 시료는 2-RPT: 2년간 생(무처리)원료(raw materials)를 저장한 보이차 시료,2-FPT: 2년간 발효 원료로 저장한 보이차 시료,9-RPT: 9년간 생(무처리)원료(raw materials)를 저장한 보이차 시료, 9-FPT: 9년간 발효 원료로 저장한 보이차 시료,21-RPT: 21년간 생(무처리)원료(raw materials)를 저장한 보이차 시료,21-FPT: 21년간 발효 원료로 저장한 보이차 시료로 나누어 실험 하였다. 150mL 끓는 물에 1.5g 차(tea)시료를 첨가하여 30초 부드럽게 흔들고 100℃에서 3분간 유지하여 추출하였다. 추출 방법은 일반적으로 끓이는 방법으로 실시하였다.

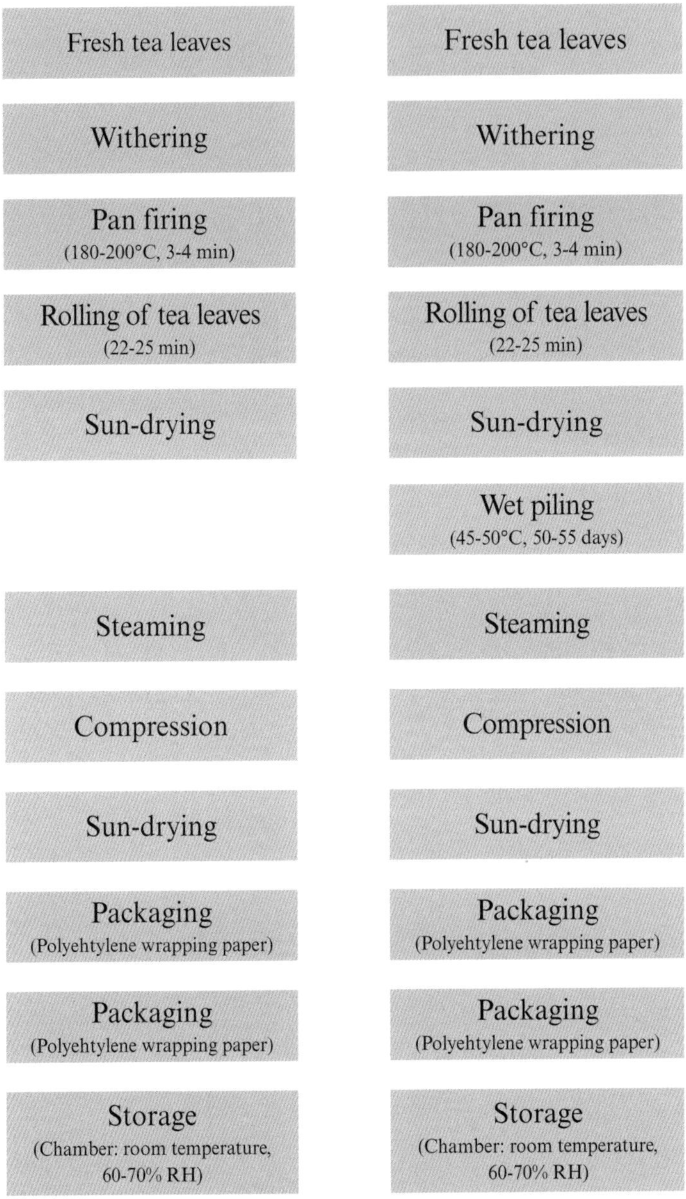

Raw	Fermented
Fresh tea leaves	Fresh tea leaves
Withering	Withering
Pan firing (180-200°C, 3-4 min)	Pan firing (180-200°C, 3-4 min)
Rolling of tea leaves (22-25 min)	Rolling of tea leaves (22-25 min)
Sun-drying	Sun-drying
	Wet piling (45-50°C, 50-55 days)
Steaming	Steaming
Compression	Compression
Sun-drying	Sun-drying
Packaging (Polyehtylene wrapping paper)	Packaging (Polyehtylene wrapping paper)
Packaging (Polyehtylene wrapping paper)	Packaging (Polyehtylene wrapping paper)
Storage (Chamber: room temperature, 60-70% RH)	Storage (Chamber: room temperature, 60-70% RH)

Fig 1. Flow diagram of the raw and fermented Pu-erh tea preparation methods.

〈무기질 함량 측정〉

무기질 함량 분석은 이전에 기술된 방법을 사용하였다(Skujins, 1998). 질산(15.0mL)과 시료 추출물(0.5mL)을 혼합하였다. 혼합물을 희석하기 위해 같은 양의 증류수를 첨가하였다. 유도결합 플라스마 원자 방출 분광기(ICP AES, Varian Vista, Victoria, Australia)를 이용하여 무기질 함량을 측정하였다.

〈DPPH 라디칼 소거 활성 측정〉

DPPH 라디칼 소거 활성은 이전에 기술된 방법을 약간 수정하여 측정하였다(Dhungana 등, 2015). 진탕기(KMC-1300V, Vision Scientific Co. Ltd., Bucheon, Korea)를 이용하여, 0.2mM DPPH 에탄올 용액으로 조제된 0.8mL을 혼합하였다.대조군 조제를 위해, 0.8mL DPPH와 0.2mL 에탄올을 혼합하였다. 혼합물(0.2mL)을 96-well plate에 넣고, 실온 상태의 어두운 곳에서 30분간 방치한 후, 517mm에서 흡광도를 측정하기 위해 마이크로 플레이트 분광 광도계(Multiskan GO, Thermo Fisher Scientific, Vantaa, Finland)를 사용하였다.

〈ABTS radical scavenging activity 측정〉

이전 방법(Miller 등, 1993)을 약간 수정하여, 차(tea)추출물의 ABTS 라디칼 소거 활성을 측정하였다. 재증류수에 2.4mM의 potassium persulfate와 7mM의 ABTS 원액을 동일한 양으로 혼합하여 ABTS

양이온 라디칼을 제조하였다. 반응 혼합물을 어두운 실온에서 10분간 방치한 후 흡광도 값이 734nm에서 0.7±0.02가 되도록 증류수로 희석하였다. 차(tea) 추출물(20μL)과 희석된 반응 혼합물(180μL)을 피펫팅(piepetting)하여, 96-well plate에 혼합하였다.30분간 플레이트를 어두운 곳에 방치한 후, 마이크로 플레이트 분광 광도계(Multiskan GO, Thermo Fisher Scientific, Vantaa, Finland)를 사용하여 734nm에서 흡광도를 측정하였다.

〈Superoxide dismutase (SOD)-like activity 측정〉

Debnath 등에 의한 방법(Debnath 등, 2011)을 사용하여 시료 추출물의 SOD 유사 활성을 측정하였다. 차(tea)추출물(100μL)을 반응 혼합물에 첨가하였고, 이 용액은 이전에 1.3mL의 Tris-HCl buffer(50mm Tris, 10mm EDTA, pH 8.5)에 7.2mm 피로가롤 100μL를 혼합하여 제조한 것입니다. 그다음, 혼합물은 25℃의 암실에서 10분간 반응하도록 하였다. 혼합물에 1N HCl 50μL을 첨가하여 반응시간이 지난 후 반응을 중지하였다. 마이크로 플레이트 분광 광도계(Multiskan GO, Thermo Fisher Scientific, Vantaa, Finland)를 사용하여, 대조군과 비교하여 산화된 차(tea) 시료의 pyrogallol의 양을 420nm의 흡광도에서 측정하였다.

〈총 폴리페놀 함량 측정〉

차(tea) 추출물의 총 폴리페놀 함량을 측정하기 위해 Folin-Ciocalteau 방법을 사용하였다. 차(tea) 추출물 50μL에 Folin-Ciocalteau 시약 250μL를 첨가하고, 이어서 750μL의 20%(w/v) 수용성 $Na2CO_3$를 첨가하고, 증류수를 사용하여 5.0mL로 로 조정 하였다. 마이크로 플레이트 분광 광도계(Multiskan GO, Thermo Fisher Scientific, Vantaa, Finland)를 사용하여 혼합물을 30분 동안 실온 상태의 어두운 곳에서 방치한 후 760nm에서 흡광도를 측정하였다. 검량선 작성을 위해 표준 물질 gallic acid을 사용하고, 폴리페놀 총량은 gallic acid equivalents (mg GAE/mL 추출물)로 나타냈다..

〈통계 분석〉

데이터에 대한 분산 분석(ANOVA)은 SAS 9.3 (SAS Institute Inc., Cary, NC, USA)을 이용하여 분석하였고, 평균 간의 유의한 수준(5%)를 구분하기 위해 사후검정(Tukey test)이 사용하였다. 시료를 3회 측정 평균값을 사용하였다.

〔결과 및 고찰〕

〈무기질 함량〉

FPT에서 총 미네랄 함량은 RPT보다 9년차와 21년차에서 더 높은 값을 나타냈지만 2년차 시료에서는 차이가 나타나지 아니하였다(Table 1).칼륨(K)이 가장 풍부한 무기질이었으며, 구리(Cu)와 아연(Zn)은 생차와 발효차 시에서 가장 낮은 함량의 무기질이였다. 칼륨(K) 함량은 9년차 FPT(348.5 mg/kg)에서 가장 높고, 21차 RPT(124.1 mg/kg)에서 가장 낮은 칼륨(K) 함량을 나타냈다. RPT 시료 중 2년차 시료(252.8mg/kg)에서 가장 높은 칼륨(K)함량을, 21년차 시료 (124.1mg/kg)에서 가장 낮은 칼륨(K) 함량을 나타냈다. 9년차 RPT는 나트륨(Na), 칼슘(Ca), 마그네슘(Mg) 및 구리(Cu)의 함량이 가장 높은 값을 나타냈다. 차(tea)의 무기질 함량은 중요한 품질지표 이며 어느 정도 차(tea)의 품질과 등급을 결정하는 것이다(Meng 등., 2020). 다른 상태와 차(tea) 연령의 차(tea) 시료에서 나타난 무기질 함량 변동은 특정한 경향을 보이지 아니하였다. 어떤 무기질 원소의 함량은 RPT에서 높았고, 다른 원소의 함량은 FPT에서 높았다. 마찬가지로, 일부 무기질 원소는 2년차 시료에서 높은 함량을 나타냈고, 다른 원소는 9년차 시료에서 높은 함량을 나타냈다.

그러나, RPT와 FPT의 총 무기질 함량은 호크차(hawk tea)를 1, 3,

6년간 보관시 나타난것은 증가 및 감소 경향과 유사하였다(Xu 등, 2020). 높은 나트륨(Na) 섭취와 낮은 칼륨(K) 섭취는 고혈압 및 심혈관 질환 위험과 관련이 있음이 알려져 있다(Luta 등, 2018). 따라서, 9년차 FPT의 높은 칼륨(K)과 낮은 나트륨(Na) 함량은 보이차 보관에 좋은 선택일 수 있다. 게다가, 성장, 발달, 분화, DNA 합성, RNA 전사 및 세포 사멸과 관련된 아연(Zn)(MacDiarmid, 2000)도 9년차 FPT에서 증가했다. 마그네슘(Mg), 칼륨(K), 칼슘(Ca)과 같은 무기질은 고혈압 예방에 도움이 된다고 알려져 있다(Houston and Harper, 2008). 망간(Mn)은 뼈 형성에 필요한 몇 가지 효소의 보조인자이다(Palacios, 2006). 구리(Cu) 결핍으로 인한 혈중지질 변화는 심장 혈관병의 위험 요소가 된다(Collins, 2014). 휘발성 화합물에 관한 추가 연구는 추가적인 정보를 차(tea) 저장(storage)에 적절한 선택을 제공할 수 있는데 이는 발효 과정에서 일어나는 일련의 산화, 유도 및 분해 과정이 특정한 향기를 내기 때문이다 보이차의 품질을 향상시키는 핵심은 휘발성 물질과 같은 향기를 조절하는 것입니다.

Table 1. Mineral content(mg/kg) of six tea extracts

Element	Storage period (year)					
	2		9		21	
	RPT[1)]	FPT[2)]	RPT	FPT	RPT	RPT
K	252.8±2.12[b3)]	146.6±3.12[e]	206.3±3.12[c]	348.5±1.71[a]	124.1±2.88[f]	175.8±1.96[d]
Na	25.4±0.71[d]	51.5±1.20[b]	71.1±1.01[a]	33.9±0.98[c]	27.4±0.71[d]	26.8±0.77[d]
Ca	19.9±0.69[d]	32.8±1.10[b]	56.0±0.69[a]	33.0±0.21[b]	17.7±0.81[d]	22.8±0.89[c]
Mg	21.3±0.38[b]	12.2±0.88[d]	26.6±0.51[a]	20.0±0.81[b]	14.9±0.50[c]	14.2±0.51[c]
Mn	4.7±0.02[a]	1.5±0.01[e]	4.3±0.21[a]	3.7±0.05[b]	2.7±0.02[c]	2.3±0.02[d]
Cu	1.0±0.02[d]	1.2±0.02[b]	1.4±0.02[a]	1.1±0.03[c]	0.6±0.01[f]	0.7±0.01[e]
Zn	1.5±0.03[a]	0.2±0.03[e]	0.4±0.03[d]	1.5±0.03[a]	1.0±0.02[b]	0.7±0.03[c]
Total	326.5	246.1	366.1	441.7	188.5	243.2

1) RPT: Raw Pu-erh tea.

2) FPT: Fermented Pu-erh tea.

3) Values are means±SD of triplicate measurements, values followed by different superscripts in the same column are significantly different ($p<0.05$).

〈DPPH and ABTS radical scavenging and SOD-like activities〉

2년차 RPT와 FPT의 DPPH 라디칼 소거 활성은 유의적인 차이를 나타내지 아니하였으나, 9년차 RPT는 FPT보다 낮았고, 21년차 RPT는 FPT보다 높게 나타났다(Table 2). 한편, 모든 보관 연차(2,9,21년)의 FPT ABTS 라디칼 소거 활성은 RPT 보다 10배 이상 증가하였다. ABTS는 연차에 따라 일치하였는데, 21년차 FPT(42.0%)에서 가장 높았고, 9년차 FPT(30.3%)와 2년차 FPT(25.2%)의 순이였다.. DPPH와 ABTS는 다르게 나타났지만, SOD유사 활성은 시료 간에 유의한 차이가 나타나지 아니하였다(Table 2). FPT의 높은 ABTS 라디칼 소거 활성은 발효 작용 때문일이라 추측되는데 이유로써 발효는 식물성 원료의 생물 활성 화합물의 변환 또는 보호에 영향을 미쳐 항산화 활성을 증가시킬 수 있는 것이다(Hur 등, 2014). 최근 연구에서도 발효된 식용 풀에서 높은 ABTS 라디칼 소거 활성이 나타나는 유사한 결과를 또한 보여주었다(Li 등, 2022). 다른 차(tea) 시료에서 RPT와 FPT의 DPPH에서 불일치한 원인은 불분명하지만, 높은 DPPH 라디칼 소거 활성은 ABTS와 같이 FPT에서도 나타날 것으로 예측된다. 이번 연구에서 나타난 DPPH 라디칼은 범위 내에 있었지만, ABTS는 Zhang 등(2012)의 연구에 의한 보이차에서 나타난 ABTS 보다 RPT 시료에서 낮게 나타났다.

Table 2. DPPH and ABTS radical scavening and SOD-like activities of raw and fermented Pu-erh tea samples stored for 2, 9 and 21

Storage period (year)	Tea type[1]	DPPH (% Inhibition)	ABTS[3] (%)	SOD-like activity[4] (%)
2	RPT	65.3±0.38c[2]	4.1±0.14[d]	2.3±0.51[a]
	FPT	64.7±1.54[c]	25.2±0.51[c]	2.2±0.31[a]
9	RPT	66.8±0.66[c]	4.2±0.25[d]	2.3±0.27[a]
	FPT	68.1±0.05[a]	30.3±0.11[b]	2.3±0.45[a]
21	RPT	66.6±1.03[b]	4.0±1.31[d]	2.6±0.33[a]
	FPT	63.3±0.16[d]	42.0±0.40[a]	2.4±0.59[a]

1) RPT: Raw Pu-erh tea.

2) FPT: Fermented Pu-erh tea.

3) Values are means±SD of triplicate measurements, values followed by different superscripts in the same column are significantly different ($p<0.05$).

〈 총 폴리페놀 함량 〉

다른 항산화 성분과 달리, 6개 차(tea) 시료의 총 폴리페놀 함량은 세 번의 연속적인 차(tea) 추출물에서 측정하였다. 21년차 보관된 RPT와 FPT 차(tea)시료의 평균 총 폴리페놀 함량은 2년과 9년차 차(tea) 시료에 비해 낮게 나타났다(Table 3).

세 번째 추출에서 RPT와 FPT의 평균 총 폴리페놀 함량은 이전 2회 추출물보다 높은 값을 나타냈다.(RPT: 47.2 mg GAE/mL, FPT: 48.1 mg GAE/mL). 본 연구에서 나타난 세 번째 추출물에서 높은 총 폴리페놀 함량은 이전 연구(Zhou et al., 2000)와 일치한 결과를 나타냈다. 그 연구에서는 녹차의 추출 기간이 길어질수록 더 높은 폴리페놀 함량을 얻을 수 있다는 것을 보여 주었다. 이는 첫 번째와 두 번째 추출에서 차(tea) 시료는 폴리페놀 추출을 촉진하는 경향이 있기 때문일 수 있었다. 페놀산(phenolic acids)에 관해서는 발효 보이차에서 생차보다 벤조산, 페닐아세트산, 페닐프로피온산 및 페닐발레릭산 유도체에서 더 높았지만, phenolic acid esters는 발효 보이차에서보다 생(raw: 비발효) 보이차에서 높은 값을 나타 냈다(Ge 등, 2019). 다양한 연구에서 나타난 것처럼 폴리페놀 및 플라보노이드가 강력한 항산화 물질이다는 것이다(Chen 등, 2020; Ji 등, 2020). 그러나 어떤 식물 화학 성분이 보이차의 항산화 능력과 유의한 상관관계가 있는지는 분명하지 않은 것이다. 식품의 항산화 능력은 특정 항산화 물질의 분배 특성, 산화 조건 및 산화 가능한 기질의 물리적 상태와 같은 다양한 요인들이 복잡하게 상호 작용하는 결과이다

(Frankel and Meyer, 2000). 결론적으로, 총 폴리페놀 함량과 같은 특정 항산화 증가는 다양한 차(tea) 시료에서 나타난 것 처럼 DPPH, ABTS 또는 SOD 유사 활성을 통해 측정된 항산화 활성 증가라는 결과를 항상 나타내지 않을 수도 있을 것이다.

Table 2. DPPH and ABTS radical scavening and SOD-like activities of raw and fermented Pu-erh tea samples stored for 2, 9 and 21

Storage period (year)	period	Extraction frequency (times)			period
		1	2	3	
2	RPT	41.7±0.22[cC2)]	42.6±0.14[cB]	46.2±0.38[eA]	43.5
	FPT	34.1±0.13[eB]	50.0±0.02[aA]	49.5±0.10[bA]	44.5
9	RPT	42.2±0.12[bC]	45.9±0.12[bB]	47.0±0.20[dA]	45.0
	FPT	47.8±0.50[aA]	40.5±1.60[dC]	44.2±0.09[fB]	44.2
21	RPT	39.5±0.12[dB]	33.3±0.07[eC]	48.4±0.10[eA]	40.4
	FPT	23.3±0.13[fC]	33.6±0.18[eB]	50.6±0.34[aA]	35.8
Mean	RPT	41.1	40.6	47.2	
	FPT	35.0	41.4	48.1	

1) RPT: Raw Pu-erh tea, FPT: Fermented Pu-erh tea.

2) Values are means±SD of triplicate measurements, values followed by different superscripts in the same column are significantly different ($p<0.05$).

3) Gallic acid equivalent.

〔결 론〕

본 연구에서는 2년, 9년, 21년차 보관된 생(生) 보이차(raw Pu-erh) 및 발효 보이차(fermented Pu-erh)의 무기질 함량과 항산화 활성을 측정하였다. 9년 및 21년차 발효차 시료에서 총 무기질 함량은 생차 시료 보다 높았지만, 2년차에서는 생차가 높은 값을 나타냈다. 발효차 시료 중에서 9년차 발효차가 칼륨(K) 함량이 가장 높았고, 2년차 생차가 칼륨(K) 함량이 가장 낮은 값을 나타냈다. 반면에, 칼륨(K) 함량은 2년차 생차에서 가장 높은 함량을 나타냈고, 21년차 생차에서 가장 낮은 함량을 나타냈다. 9년차 생차에서 나트륨(Na), 칼슘(Ca), 마그네슘(Mg), 구리(Cu) 함량이 가장 높은 함량을 나타냈다. 일괄적이지는 않지만, 총 폴리페놀 함량을 포함한 항산화 활성의 전반적인 결과는 발효 보이차가 생차보다 우수함을 나타냈다.

종합적으로, 9년차 보이차는 무기질 함량 및 항산화 활성 측면에서 우수한 차(tea)가 될 수 있다고 사료된다.

3

Effect of Extraction Temperature on the Quality and Functional Property of Post-Fermented Tea

후발효 차의 품질 및 기능 특성에 미치는 추출 온도의 영향

[초록]

차는 세계에 널리 보급된 음료이다. 여러 종류의 차 중에서 보이차는 건강 증진 효과로 많은 주목을 받고 있다. 본 연구의 목적은 두 가지 온도 (80℃와 100℃)에서 추출된 두 가지 유형의 보이차(고수 보이차 및 대지 보이차)의 물리 화학적 및 기능적 특성을 조사하는 데 있다. 고수 보이차 추출물은 대지 보이차에 비해 두 가지 온도 모두에서 낮은 pH를 나타냈고 높은 항산화 능력을 보였다. 두 추출 온도에서 고수 보이차의 총 폴리페놀과 플라보노이드 함량은 대지 보이차보다 유의하게 높았다. 차 추출물의 미네랄 성분 함량은 80°C에서보다 100°C에서 더 컸다. 차 추출물에서 검출된 7가지 향미(flavor, 차의 맛) 성분 중에서 에스테르의 피크 영역이 다른 그룹보다 높았다. 차의 기원과 추출 온도는 차 추출물의 화학적 및 기능적 가치에 유의한 영향을 미쳤다. 본 연구 결과는 100℃에서 3분간, 30초 동안 흔들어 추출된 고수 보이차가 항산화 능력과 무기질 함량 측면에서 더 나은 결과를 나타냄을 보여준다.

키워드: 항산화 잠재력, 대지 보이차, 풍미 혼합물, 고수 보이차

[서론]

고대의 음료로서, 차는 세계에서 가장 인기 있는 음료 중 하나이다[1]. 차는 처리 방법에 따라 6가지 그룹으로 분류된다. 녹차, 황차 및 백차의 3가지 유형은 최소한의 가공을 거치며, 보이차는 발효되는 반면, 다른 2가지 유형, 즉 우롱차 및 홍차는 산화 작용을 거친다. 본래 중국의 윈난성에서 생산되는 보이차는 독특한 풍미와 잠재적인 건강상의 이점 때문에 많은 주목을 받았다[2,3]. 보이차는 일반적으로 두 가지 방법으로 생산된다. 첫 번째 방법은 크고 산화되지 않은 찻잎을 압착한 다음, 실온에서 몇 년 동안 발효하여 보이 생차를 생산하는 것이다. 다른 방법으로는 차를 압착하기 전에 최적의 조건에서 미생물을 사용하여 수주 또는 수개월 동안 익히는 것이 있다. [4]. 보이차는 발효 및 노화에 따라 더욱 도드라지게 갈홍색 또는 회색의 외관으로 불그스름해지며, 두껍고 밝은 적색의 탕색, 달콤씁쓸한 맛이 나고, 독특한 곰팡이 냄새가 나게 된다[5].

보이차는 이미 중국 및 다른 동남아시아 국가에서 가장 선호하는 음료로 자리 잡고 있으며 일본, 미국, 영국 및 기타 국가에서도 인기가 있다. 이 기능성 음료의 여러 가지 건강 증진 효과는 항산화[6-8], 항돌연변이[9], 항균[9,10], 항바이러스[11,12], 항암[13], 콜레스테롤 저하

[14], 항비만[15,16], 저혈당[17] 및 항알레르기[18] 활동을 포함한다.

보이차의 건강상 이점은 또한 원료, 가공 방법, 추출 용매 및 시간 등에 따라 다양하다. 중국어로 '고수'는 고대의 차나무를 의미하며, 이 차나무들의 잎으로 만든 보이차는 매우 인기가 많고 비싸다. 고수 보이차는 몇백 년 된 나무에서 얻은 찻잎으로 만드는 것으로 알려져 있다. 보이차는 재배된 어린 차나무의 잎으로 만들기도 하는데, 본 연구에서는 이를 대지 보이차라고 명명한다. 보이차에 대한 다양한 연구가 출판되었지만, 다양한 온도에서 추출된 고수 보이차 및 대지 보이차의 품질과 기능성에 대한 자세한 비교 연구는 별로 없다. 우리의 이전 연구[19]에서는 두 가지 차 유형의 품질 특성과 항산화 잠재력을 조사하였다. 휘발성 향미 성분은 차 품질 평가에서 중요한 기준이다[20]. 추출 온도[21]와 차나무 수령[22]이 차 추출물의 질과 항산화 특성에 미치는 영향을 고려하여, 본 연구는 고수 보이차와 대지 보이차의 휘발성 향을 포함한 기능적 특성과 품질 특성을 비교할 것이다. 연구 결과는 보이차의 품질과 기능적 특성에 대한 추출 온도와 찻잎 출처(고수 차나무인지 대지 차나무인지)의 영향에 관한 향후 연구에 유용한 정보를 제공할 것이다.

재료와 방법

이것은 이전의 연구[19]에 대한 포괄적인 조사이기 때문에 분석 방법에는 상당한 유사성이 있다.

화학 물질 및 재료

Folin-Ciocateu(폴린-치오칼트)페놀 시약, DPPH, ABTS 및 피로갈롤은 Sigma-Aldrich(St. Louis, MO, USA)에서 구입하였다. 사용된 모든 시약은 분석 등급이다. 이 연구를 위해 중국 윈난성에서 생산된 대지 보이차 및 고수 보이차 샘플이 사용되었다.

차 추출물 제조

두 종류의 보이차를 80℃와 100℃의 물에서 추출하였고 샘플은 다음과 같이 명명하였다. GPE-80 : 1.5 g의 고수 보이차 건조 시료를 150mL의 끓는 물로 추출하고, 80℃에서 30초간 부드럽게 흔들어 주면서 3분 동안 배양하였다. GPE-100 : 끓는 물 (150mL)로 추출한 1.5mL의 고수 보이차의 건조 샘플을 30초간 가볍게 흔든 후 3분 동안 100℃에서 배양했다. 추출 조건은 일반적인 차 우리기와 유사하게 설정하였다.

pH와 적정 산도 측정

샘플 추출물의 pH 값은 pH Meter(모델 250; Beckman Coulter, Inc., Fullerton, CA, USA)를 사용하여 측정하였다. 적정 산도(g/L 단위의 젖산)는 5mL의 추출물과 125mL의 탈이온수를 혼합하여 0.1N 수산화나트륨으로 종말점 pH가 8.2가 될 때까지 측정하였다.

색상 측정

추출물의 L * (명도), a *(적색, + 또는 녹색, -) 및 b *(황색, + 또는 청색, -) 값은 Chroma Meter(CR-300; Minolta Corp., 일본 오사카)를 사용하여 측정하였다. Minolta 보정 플레이트(YCIE = 94.5, XCIE = 0.3160, YCIE = 0.330)와 Hunter Lab 표준 플레이트(L * = 97.51, a * = *0.18, b* = +1.67)는 앞에서 설명한 바와 같이 D65 광원을 사용하여 장비를 표준화하기 위해 사용되었다[23].

DPPH 라디칼 소거 활성

DPPH 라디칼 소거 활성은 Dhungana et al.[24]에 설명된 방법을 약간 수정하여 측정하였다. 0.8mL의 0.2mM DPPH 에탄올 용액을 0.2mL의 차 추출물과 혼합하였다. 혼합물은 보텍스(vortexer)를 사용하여 완전히 혼합하고, 어두운 상태의 실온에서 30분 동안 방치한 후, 마이크로 플레이트 분광 광도계(Multiskan GO, Thermo Fisher Scientific, Vantaa, Finland)를 사용하여 517nm에서 흡광도 값을 측정하였다.

총 폴리페놀 함량의 측정

총 폴리페놀 함량은 Folin-Ciocalteau 방법[25]에 따라 특정되었다. 희석된 Folin-Ciocalteau 시약 250μL를 차 추출물 50μL에 첨가했다. 1분 후, 20%(w / v) 수성 Na_2CO_3 750μL를 혼합물에 첨가하고 증류수로 부피를 5.0mL까지 만들었다. 혼합물을 어두운 조건의 실온에서 30분 동안 배양하고 마이크로 플레이트 분광 광도계(Multiskan GO, Thermo Fisher Scientific)를 사용하여 760nm에서 흡광도 값을 측정하였다. 갈산을 사용하여 검량선을 작성하고 전체 폴리페놀 함량을 갈산 당량(ugGAE / mL cxtract)으로 보고했다.

ABTS 라디칼 소거 활성

차 추출물의 ABTS(2,2′-Azino-bis(3-ethylbenzothiazolin-6-sulfonic acid)) 라디칼 소거 활성은 Miller 등[26]에 의해 기술된 방법에 따라 분석하였다. ABTS 양이온 라디칼은 2.4mM 칼륨과 황산염을 7mM ABTS 용액과 반응시킴으로써 생성하였다. 반응 혼합물은 어두운 곳에서 12~16시간 동안 실온 방치하였다. 반응 혼합물을 증류수로 희석하여 734nm에서 0.7±0.02의 흡광도 값을 얻었다. 차 추출물과 ABTS 시약을 혼합하여 30분간 어두운 곳에서 보관하고 마이크로 플레이트 분광 광도계(Multiskan GO, Thermo Fisher Scientific)를 사용하여 734nm에서 흡광도를 측정하였다. ABTS 라디칼 소거 활성은 아래 방정식을 사용하여 계산하였다.

여기서 AC = ABTS 라디칼 양이온의 흡광도, AS = ABTS 라디칼 용액과 차 추출물 혼합물의 흡광도.

과산화물 디스뮤타아제 SOD(superoxide dismutase) 유사 활성

샘플 추출물 중 SOD 유사 활성의 평가는 Debnath 등이 기술한 방법에 따라 수행하였다[27]. 우선 Tris-HCl 완충액(50mM Tris, 10mM EDTA, pH8.5) 1.3mL와 7.2mM 피로갈롤 100μL를 첨가하여 반응액을 조제하고, 추출된 시료의 일부(100μL)를 첨가하여 25℃에서 10분간 반응시켰다. 또한 50μL의 1N HCl을 첨가하여 반응을 중지시켰다. 반응 중에 산화된 피로갈롤의 양은 마이크로 플레이트 분광 광도계(Multiskan GO, Thermo Fisher Scientific)를 사용하여 흡광도 420nm에서 측정하였다. SOD 유사 활성은 다음 방정식을 사용하여 측정하였다.

SOD-like activity(SOD 유사 활성도)(%)=[1-(처리구의 흡광도)×100]

플라보노이드 함량

샘플 추출물의 플라보노이드 함량은 Mohdaly 등이 기술한 방법에 따라 수행하였다[28]. 100μL의 차 추출물을 50 μL의 메탄올과 섞었다. 메탄올-시료 혼합물에 AlCl3 50μL, 1M NaOH 50μL 및 이중 증류수 300μL를 넣었다. 반응 혼합물을 30분 동안 어두운 곳에서 반응시키고, 마이크로 플레이트 분광 광도계(Multiskan GO, Thermo Fisher Scientific)를 사용하여 혼합물의 흡광도 값을 510nm에서 측정하였다. 표준 곡선을

그리기 위해 Quercetin이 사용되었고, 플라보노이드 함량은 quercetin equivalent(μg QE/mL 추출물)로 측정하였다.

무기물 함량

무기물 함량은 앞에서 설명한 방법[29]에 따라 분석하였다. 샘플 추출물(0.5 mL)과 HNO3(15.0 mL)를 혼합하였다. 혼합물을 동량의 증류수로 희석하였다. 미네랄 농도는 유도결합 플라즈마 원자 방출 분광계(ICP AES : Varian Vista, Varian Australia, Victoria, Australia)를 사용하여 측정하였다.

고체상 마이크로 추출(SPME)

SPME는 질량 분광 분석에 앞서 간단하고 효율적인 시료 제작 도구이다[30]. SPME 매개 변수는 보이차 휘발성 물질의 효과적인 추출 및 탈착을 위해 최적화되었다. 샘플 추출물(10mL)을 스크류 상부와 테플론-라이닝 중격부를 가진 작은 테플론-코팅 stirring바를 함유하는 40-mL 유리 바이알에 첨가하였다. 20분간 평형 상태 후, 추출물의 휘발성 물질을 100mm 50/30μm DVB / Carboxen / PDMS SPME 섬유(Supelco, Bellefonte, PA, USA)를 사용하여 40℃에서 30분 동안 추출하였다. 각각의 노출 전에, 섬유는 260℃ 주입 포트에서 5분 동안 세척하였다.

가스 크로마토그래피(색층분석법) - 질량 분석기(GC-MS)

GC-MS는 다음 조건에서 수행되었다. 2mL/min의 일정한 유속 모드를 갖는 운반 가스로서의 헬륨. 재료를 200℃로 유지하고 이송 라인 및 인젝터를 220℃로 유지 하였다. 화합물을 60㎛, 0.25㎜ i.d., 0.5㎛ DB-Wax 컬럼(J&W Scientific, Folsom, CA, USA)에서 분리하였다. 질량 분석기는 70eV에서 총 이온 크로마토그램에서 작동되었다. GC-MS(Clarus 500 quadruple, Perkin / Elmer, Shelton, CT, USA) 분석은 소프트웨어(Turbo Mass, Perkin / Elmer)로 시행되었다. 자료는 40~300m/z까지 수집되었다. Mass Spectra 매치는 미국 국립 표준 기술 연구소(NIST, Gaithersburg, MD, USA)와의 비교로 생성되었다.

휘발성 화합물의 식별

초기 식별은 NIST(NIST 2002 표준 스펙트럼) 라이브러리의 스펙트럼, 아로마 기술자, 연구 또는 표준으로부터 도출된 선형 고정 인덱스 대조로 만들어진 일치를 기반으로 한다. 최종 확인은 보유 지수(LRI 값), 전체 스캔 매스 스펙트럼 값 및 표본에서 관찰된 표준과 아로마(향) 설명을 결합한 일치에 근거한다[31].

통계 분석 데이터는 SAS 9.4를 사용하여 분산 분석(ANOVA)하였다. p〈0.05 수준에서의 평균 간의 차이는 Tukey test를 통해 확인하였다. 평균값은 평균±표준 편차(SD)로 표시하였다.

결과 및 논의

일반적인 화학적 특성

차 추출물의 일반적인 화학적 특성은 pH와 적정 산도(TA) 값에 기초하여 평가되었다. 차의 종류와 추출 온도 모두 차 추출물의 pH 값에 유의한 영향을 미쳤다. 그러나 TA 값은 4가지 샘플 추출물 중 CPE-80(0.08)에서 유의하게 낮았다(표 1). 고수 보이차 추출물은 두 가지 온도에서의 CPE와 비교했을 때 더욱 산성인 것으로 나타났다. 두 가지 온도와 CPE-100(0.13)에서 GPE(0.11) TA 값은 유의한 차이가 없었다. 이 결과는 우리의 이전 연구[19]와 일치하는 바이다. TA의 가치는 식품의 맛에 영향을 미치는 산 함량을 의미하는 반면, pH의 산도는 특정 식품에서 자라는 미생물의 능력에 영향을 주는 환경을 나타낸다. 따라서 차 추출물의 pH 변화는 향미와 저장 기간에 영향을 줄 수 있다[33].

색상 측정

식품의 색은 소비자로 하여금 제품 수용 여부를 결정하도록 하는 주요인이다. 소비자는 또한 영양 및 기능적 가치와 함께 식품의 색상을 고려한다. 차 종류와 추출 온도는 차 추출물의 Hunter 색상 값에 유의한 영향을 미쳤다(표 2).

명도 값은 80℃(49.00-49.11)에서 추출된 차가 100℃(45.31-46.11)에

서 추출된 차보다 유의하게 높았다. 반면 적색도의 최고 및 최저 수치는 각각 GPE-100(0.21) 및 CPE-80(0.06)에서 측정되었다. 80℃보다 100℃에서 추출한 차의 적색도가 높은 것은 고온에서 그 색소가 더 많이 추출되기 때문일 수 있다. CPE(12.31 및 12.66)는 두 온도(80 및 100℃)에서 GPE(9.88 및 10.21)보다 황색도 값이 컸다. 차 추출물 색상 값의 큰 변화는 추출 효율 또는 폴리페놀 함량에 영향을 주는 추출 온도의 효과[34] 때문일 수 있다.

항산화 능력

차 추출물의 항산화능은 DPPH 및 ABTS 라디칼 소거 활성, SOD 유사 활성 및 총 폴리페놀 및 플라보노이드 함량을 통해 평가하였다. 100℃에서 관찰된 항산화 값은 80℃에서보다 유의하게 더 컸다(표 3). 고온에서 추출한 차의 페놀릭이 높은 것은 이전 연구에서도 관찰되었다[19,35,36]. 이 연구의 결과는 또한 GPE가 CPE에 비해 더 높은 항산화능을 가지고 있음을 보여주었다(표 3). GPE에서 얻어진 더 높은 항산화능은 오래된 차나무에서 얻은 찻잎의 카테킨 함량이 더 높기 때문일 수 있다. 오래된 나무에서 수확한 찻잎은 쓴맛이 훨씬 많이 나는데, 찻잎의 쓴맛은 폴리페놀 그룹인 카테킨과 더 깊은 관련이 있다[37]. 차 카테킨은 항산화, 항염증, 신경 보호, 항암, 항균 및 항동맥경화 활동 등을 하는 다양한 세포 메커니즘을 보여준다[38].

무기물 함량

보이차 추출물의 총무기물 함량은 80°C(11295.91-11176.98mg/kg)보다 100°C(11739.37-11996.01mg/kg)에서 더 높았다(표 4). Fe와 Na의 양은 GPE보다 CPE에서 유의하게 높았다. Ca의 함량은 차의 종류와 추출 온도에 큰 영향을 받지 않았다. Mg, K, Ca와 같은 성분은 고혈압의 예방과 치료에 유익한 건강 영향을 미치는 것으로 보고되었다[39]. 한편 As, Pb, Cd 및 Hg와 같은 원소(건강에 유해함)는 차 추출물에서는 검출되지 않았다. 중국에서 생산된 고품질 차에는 Zn, Mn, Mg, K, Ca와 같은 많은 양의 무기질이 함유된 것으로 밝혀졌다[40].

휘발성 향미 성분

차의 기원과 추출 온도는 차 추출물의 휘발성 향미 성분에 영향을 주었다(표 5). 차 추출물에는 주로 7종의 향미 성분이 발견되었다. 질량 스펙트럼 및 방치 시간에 따라 총 157개의 휘발성 화합물이 검출되었다. 이는 알코올 31개, 알데히드 14개, 에스테르 18개, 탄화수소 16개, 케톤 38개, 페놀 12개, 기타 28개이다. 에스테르의 총 피크 면적은 휘발성 화합물 그룹보다 높았다.

휘발성 화합물의 양적 풍부함 및 냄새 역치는 차의 전반적인 향기를 설명한다[41]. 그 중에서도 알콜의 꽃 향기, 메톡시페놀계 화합물의 퀴퀴한/곰팡내 나는 향, 케톤의 나무 또는 꽃 향은 잘 익은 보이차의 특별한 향미에 중요한 역할을 한다[42]. 지방산의 산화 분해는 알콜의 형성으로 이어질 수 있다. 이 연구에서 확인 된 알코올 중 다수는 다른 종류의 차들에서도 검출된다 [43-45]. 1- 옥텐 -3- 올은 버섯 냄새가 나게 만들며 다른 식품의 전반적인 아로마 형성에 핵심적인 역할을 한다. 이 화합물은 보이차와 Fuzhuan(복건성) 차에서도 확인되었다 [46]. 분기 사슬 알데히드는 곰팡이 향의 원인이 되는 것으로 보고되고 있으며 차의 향기에 기여하는 주요 착취제로 인정받고 있다 [47]. 다른 두 가지 화합물 hexanal과 2-hexenal은 차에 풋내와 과일 냄새를 부여하는데 이는 지방산에서 생성 된 것으로 추정된다 [47, 48]. 아미노산 페닐알라닌의 산화 분해는 차에 아몬드 냄새가 나게 하는 벤즈 알데하이드와 벤젠 아세트 알데히드와 같은 아로마틱 알데히드를 만들어낼 수 있다 [48]. (E, E) -2,4- 헵타디에날은 차에 지방성 냄새를 부여하는 것으로 밝혀졌다. 피크 면적이 가장 큰 것은 메틸살리실레이트로 밝혀졌는데, 이는 선행 연구의 차 샘플에서도 검출되었고 전반적인 차 향기에 중요한 화합물로 알려져있다 [46, 48]. 본 연구에서 검출 된 많은 케톤은 아마도 지방산의 산화 / 분해로부터 생성되었을 것이다. 2,3-부탄디온은 홍차 [47]와 녹차 [49]에 버터 냄새를 풍긴다. Linalool과 linalool oxide는 녹차 잎의 효소 가수 분해 과정에서 발생한다 [50]. Linalool은 홍차 잎과 차 우린 물[47], 녹차 [49] 에서 중요한 냄새 성분 중 하나로 간주된다. 이는 차에 감귤류 및 꽃 냄새가 나도록 하는 것으로 보고되었다 [47, 48, 50]. 유사하게, 베타 - 이오논은 바이올렛 향기에 기여하는 것으로 알려져 있으며, 복잡한 우디 및 프루티 향기로 알려져있다[51]. 이는 차 (tea)에 존재하는 카로티노이드의 산화 분해 또는 효소 산화의 결과로 합성된 것이다. 녹차와 우롱차의 전형적인 풍미는 베타이오논(beta-ionone)에 의한 것으로 추정된다.

[결론]

(본 연구에서는) 80℃ 및 100℃에서 추출한 대지 보이차 및 고수 보이차의 pH, 적정 산도, 색, 산화 방지제 잠재력, 미네랄 함량 및 휘발성 풍미 화합물과 같은 다양한 물리 화학적 및 기능적 특성을 조사 하였다. 차의 기원과 추출 온도 모두가 차 추출물의 화학적 및 기능적 가치에 유의한 영향을 미쳤다. 고수 보이차 추출물은 대지 보이차에 비해 두 온도 모두에서 낮은 pH를 보였다. DPPH, ABTS, SOD를 통해 측정한 고수 보이차 추출물의 항산화 가능성은 대지 보이차에 비해 두 온도 모두에서 유의하게 높았다. 유사하게, 두 추출 온도에서의 총 폴리페놀과 플라보노이드 함량은 대지 보이차에 비해 고수 보이차에서 유의하게 높았다. 100℃에서 추출한 두 차 시료 모두의 광물 함량은 80℃와 비교하여 더 높았다. 차 추출물에서 7개의 그룹으로 분류된 총 158개의 휘발성 화합물은 GC-MS를 통해 검출되었다. 그중 에스테르의 피크 면적은 다른 그룹보다 높았다. 결과가 제안하는 바, 30초간 흔들어 주면

서 3분간 100℃에서 추출한 고수 보이차는 항산화 잠재력과 미네랄 함량이 더 높다고 할 수 있다.

연구 목적

한국 보이차 시장은 2010년 이후 고수차 바람이 불면서 2023년까지 더 많은 지역의 고수차가 보이차 매니아층에 관심을 집중시키고 있다. 본 연구는 고수차와 대지차의 각종 성분을 과학적으로 분석하여 고수차와 대지차의 특성을 알기 위한 작업이다. 또한 과학적 실험으로 고수차와 대지차를 마실 때 사용하는 물의 온도를 100도와 80도에 차를 우렸을 때 수침출물에 녹아든 성분을 알고자 한다.

본 실험의 결과

P.H실험에서는 대지 보이차가 고수 보이차보다 높았다. DPPH, ABTS, SOD 항산화실험에서는 고수차가 유의하게 대지차보다 높았다. 또한 찻물의 온도는 100℃에서 총 폴리페놀, 플라보노이드 함량이 고수차가 더 유의적으로 높은 결과를 보인다.

4

Comparison of Quality Characteristic and Antioxidant Potential of Cultivated Pu-erh and Gushu Pu-erh Tea Extracts at Two Temperatures

두 온도에서 추출된 보이차와 고수 보이차 추출물의 품질특성 및 항산화능 비교

[초록]

후발효 흑차의 일종인 보이차는 건강을 증진시키는 효과 때문에 식품 과학자들의 많은 관심을 끌고 있습니다. 본 연구에서는 90°C와 100°C에서 추출한 대지 보이차와 고수 보이차의 pH, 적정 산도, 색상, 항산화능 및 유리 아미노산 함량을 비교하였습니다. 고수 보이차 추출물의 pH는 대지 보이차보다 약간 산성이었습니다. 고수 보이차는 대지 보이차보다 양쪽 추출 온도에서 더 높은 항산화능과 유리 아미노산 함량을 보였습니다. 항산화능과 유리 아미노산 함량은 100°C에서 추출한 차에서 더 높았습니다. 이번 연구 결과는 100℃에서 30초간 흔들면서 3분간 방치하여 추출한 고수 보이차가 높은 양의 페놀과 유리 아미노산 함량을 가졌음을 보여주었습니다.

- 키워드

항산화능, 대지 보이차, 추출 온도, 고수 보이차

[서론]

차는 세계에서 가장 인기 있는 고대 음료 중 하나이며, 녹차(비발효), 우롱차(반발효), 홍차(산화효소에 의해 완전히 발효), 다크차(미생물에 의해 후발효)와 같은 다양한 형태가 있습니다. 원래 중국 윈난성에서 생산된 보이차는, 홍차와 같은 발효차와는 반대로 후발효차의 일종으로 분류됩니다. 보이차는 일반적으로 두 가지 방법으로 준비됩니다. 첫 번째로, 생(生)보이차는 크고 산화되지 않은 찻잎을 눌러 만든 다음 상온에서 몇 년 동안 발효됩니다. 두 번째로, 보이차는 압력을 받기 전에 최적의 조건에서 미생물을 사용하여 몇 달 동안 숙성됩니다. 보이차는 발효 및 잎의 노화에 따라 적갈색 또는 갈색을 띠는 붉은색 또는 회색 외관, 진하고 밝은 붉은색 주입색, 쓴맛, 독특한 곰팡이 냄새가 더욱 두드러집니다.

최근, 보이차는 건강상의 이점 때문에 많은 관심을 끌고 있습니다. 오늘날, 보이차는 중국과 다른 동남아시아 국가들에서 인기 있는 음료일 뿐만 아니라, 일본, 미국, 영국 그리고 다른 나라들에서도 인기가 있습니다. 연구에 따르면 기능성 음료로서 보이차는 다양한 건강증진 효과를 보여주는데, 여기에는 항산화, 항변성, 항균, 항종양, 콜레스테롤 강하, 항비만, 혈당조절, 항알레르기 활성이 포함됩니다.

중국어로 고대 차나무를 의미하는 '고수'로 만든 보이차는 수요가 많고 가격도 비쌉니다. 고수 보이차는 수백 년 된 나무에서 얻은 찻잎으로 만들어집니다. 보이차는 또한 재배된 차나무로부터 얻어지는데, 이 연구에서는 대지 보이차라고 하겠습니다. 보이차의 시장 가치는 잎을 얻은 차나무의 나이에 따라 크게 다릅니다.

보이차에 대한 다양한 보고서가 발표되었지만, 보이차 추출의 온도와 종류를 고려한 비교 연구는 보고되어 있지 않습니다. 본 연구의 목적은 차나무의 연령과 추출 온도가 차의 품질 및 기능적 특성에 미치는 영향을 고려하여 고수 보이차와 대지 보이차의 품질특성 및 항산화 특성을 비교하는 것입니다. 본 연구는 추출 온도와 찻잎의 출처가 보이차의 품질과 기능적 특성에 미치는 영향에 대한 통찰을 제공할 것입니다.

재료 및 방법

시약 및 재료

Folin-Ciocalteuphenol 시약 및 DPPH는 Sigma-Aldrich(St. 루이, MO, 미국)에서 구입하였습니다. 사용된 다른 모든 시약은 분석 등급이었습니다. 이 연구에는 중국 윈난성에서 생산된 재배된 대지 보이차와 고수 보이차 두 가지 상업용 차 샘플이 사용되었습니다.

차 추출물 제조

두 종류의 추출물을 준비했는데, 하나는 90°C에서, 다른 하나는 100°C에서 추출한 두 개의 차 샘플로 준비했고, 이름은 다음과 같습니다.

CP-90: 대지 보이차의 건조 시료 1.5g을 끓는 물 150mL로 추출하고 30초간 부드럽게 흔들면서 90°C에서 3분간 방치.

GP-90: 고수 보이차 건조 시료 1.5g을 끓는 물 150mL로 추출하고 30초간 부드럽게 흔들면서 90°C에서 3분간 방치.

CP-100: 대지 보이차의 건조 시료 1.5g을 끓는 물 150mL로 추출하고 30초간 부드럽게 흔들면서 100°C에서 3분간 방치.

GP-100: 고수 보이차의 건조 시료 1.5g을 끓는 물 150mL로 추출하고 30초간 부드럽게 흔들면서 100°C에서 3분간 방치.

추출 조건은 실제 차 양조와 매우 유사하도록 설계되었습니다.

pH와 적정 산도 측정

차 추출물의 pH는 pH 미터(Model 250; Beckman Coulter, Inc., Fullerton, CA, USA)를 사용하여 측정하였습니다. 적정 산도(lactic acid in g/L)는 5mL의 추출물과 125mL의 탈이온수를 혼합하여 0.1N 수산화나트륨으로 종말점 pH 8.2가 될 때까지 측정하였습니다.

색상 측정

추출물의 L*(명도), a*(적색, + 또는 녹색, -), b*(황색, + 또는 청색, -)

은 Chroma Meter(CR-300; Minolta Corp., Osaka, Japan)를 사용하여 측정하였습니다. Minolta 보정 플레이트(YCIE=94.5, XCIE=0.3160, YCIE=0.330)와 Hunter Lab 표준 플레이트(L^*=97.51, a^*= -0.18, b^*= +1.67)는 D65 광원을 사용하여 장비를 표준화하기 위해 사용되었습니다.

DPPH 라디칼 소거 활성

DPPH 라디칼 소거 활성은 Dhungana et al.에 설명된 방법을 약간 수정하여 측정하였습니다. 0.8mL의 0.2mM DPPH 에탄올 용액을 0.2mL의 차 추출물과 혼합하였습니다. 혼합물은 진탕기를 사용하여 완전히 혼합하고, 암조건 실온에서 30분간 방치 후, 마이크로 플레이트 분광 광도계(Multiskan GO, Thermo Fisher Scientific, Vantaa, Finland)를 사용하여 517nm에서 흡광도 값을 측정하였습니다.

총 폴리페놀 함량 측정

차 품종의 총 폴리페놀 함량은 Folin-Ciocalteau법에 의해 측정되었습니다. 희석된 Folin-Ciocalteau 시약 250μL를 차 추출물 50μL에 첨가하였습니다. 1분 후, 20%(w/v) Na2CO3 수용액 750μL를 혼합물에 첨가하고 증류수로 5.0mL까지 부피를 조정했습니다. 혼합물을 암조건 실온에서 30분간 배양하고, 마이크로 플레이트 분광 광도계(Multiskan GO, Thermo Fisher Scientific, Vantaa, Finland)를 사용하여 760nm에서 흡광도 값을 측정하였습니다. 갈산을 사용하여 검량선을 작성하고 총 폴리페놀 함량을 갈산 당량(μg GAE/mL extract)으로 표기하였습니다.

ABTS 라디칼 소거 활성

차 추출물의 ABTS(2,2`-Azino-bis(3-ethylbenzothiazoline-6-sulphonic acid) 라디칼 소거 활성은 Miller 등에 의해 기술된 방법에 따라 분석되었습니다. ABTS 양이온 라디칼은 2.4mM 칼륨과 황산염을 7mM ABTS 용액과 반응시킴으로써 생성하였습니다. 반응 혼합물은 어두운 곳에서 12~16시간 동안 실온 방치하였습니다. 반응 혼합물을 증류수로 희석하여 734nm에서 0.7±0.02의 흡광도 값을 얻었습니다. 차 추출물과 ABTS 시약을 혼합하여 30분간 어두운 곳에서 보관하고 마이크로플레이트 분광 광도계(Multiskan GO, Thermo Fisher Scientific, Vantaa, Finland)를 사용하여 734nm에서 흡광도를 측정하였습니다. ABTS 라디칼 소거 활성은 아래 방정식을 사용하여 계산하였습니다.

여기서 AC = ABTS 라디칼 양이온의 흡광도,

AS = ABTS 라디칼 용액과 차 추출물의 혼합물 흡광도.

SOD(과산화물 디스뮤타아제) 유사 활성

SOD 유사 활성은 Debnath 등에 의해 기술된 방법을 토대로 측정되었습니다. 혼합물은 Tris-HCl 완충액(50mM Tris, 10mM EDTA, pH 8.5) 1.3mL와 7.2mM 피로갈롤 100μL를 첨가하여 제조하였고, 추출된 시료의 일부(100μL)를 첨가하여 25℃에서 10분간 반응시켰습니다. 이후 50μL의 1N HCl을 첨가하여 반응을 중지시켰습니다. 반응 중에 산화된 피로갈롤의 양은 마이크로 플레이트 분광 광도계(Multiskan GO, Thermo Fisher Scientific)를 사용하여 흡광도 420nm에서 측정하였습니다. SOD 유사 활성은 다음 방정식을 사용하여 계산하였습니다.

플라보노이드 함량

플라이보노이드 함량은 Mohadly 등이 기술한 방법에 의해 측정되었습니다. 100μL의 차 추출물을 500μL의 메탄올과 혼합하였습니다. 메탄올-시료 혼합물에 AlCl3 50μL, 1M NaOH 50μL 및 증류수 300μL를 넣었습니다. 혼합물을 30분간 암조건에서 반응시키고, 마이크로 플레이트 분광 광도계(Multiskan GO, Thermo Fisher Scientific)를 사용하여 혼합물의 흡광도 값을 510nm에서 측정하였습니다. Quercetin을 사용하여 검량선을 작성하고 총 플라보노이드 함량을 Quercetin 당량(μg QE/mL extract)으로 표기하였습니다.

유리 아미노산 함량 분석

차 추출물의 유리 아미노산 조성은 Je 등의 방법에 따라 측정되었습니다. 1mL의 차 추출물을 110℃에서 24시간 동안 진공 앰플에서 6N 염산(10mL)으로 가수분해했습니다. 회전 증발 농축기를 사용하여 가수분해된 혼합물로부터 염산을 제거하였습니다. 응축된 혼합물의 부피를 0.2M 시트르산나트륨 완충액(pH 2.2)을 사용하여 5mL로 만들었습니다. 혼합물을 Sep-Pak C18 카트리지(Waters Co., Milford, MA, USA)에 통과시키고 0.22-μm 멤브레인 필터(Millipore, Billerica, MA, USA)를 통해 여과하였습니다. 아미노산 함량은 자동 아미노산 분석기(Biochrom-20, Pharacia Biotech Co., Stockholm, Sweden)를 사용하여 측정하였습니다.

통계 분석

데이터는 SAS(SAS institute, Cary, NC, USA)의 분산분석을 사용하여 분석하였으며, 표본 평균 간의 유의한 차이는 $p<0.05$에서 Tukey 테스트를 사용하였습니다. 3회 반복의 평균값을 보고했습니다.

결과 및 고찰

일반적인 화학적 특성

차 추출물의 일반적인 화학성분을 측정하기 위해 pH와 적정 산도(TA)가 측정되었습니다. 차 추출물의 pH 값은 차 종류와 추출 온도에 따라 유의하게 변화한 반면, TA 값의 차이는 유의하지 않았습니다(표 1). 차 추출물은 약간 산성으로 가장 높은 pH 값은 CP-90(5.72)에서 나타났고, 가장 낮은 pH 값은 GP-90(5.01)에서 나타났습니다. TA의 범위는 0.09%(CP-90)에서 0.12%(GP-100)였습니다. 두 온도 모두 대지 보이차 추출물의 pH 값이 고수 보이차보다 높았습니다. TA는 음식의 맛에 대한 산 함량의 영향의 지표인 반면, pH는 특정 음식에서 미생물이 성장하는 능력을 나타냅니다. pH의 변화는 맛과 저장 기간에 영향을 미칠 수 있습니다.

색상 측정

식품의 색상은 소비자들이 식품을 선택하는 데 중요한 역할을 합니다. 차 추출물의 Hunter 색상 값은 유의한 차이를 나타냈습니다(표 2). 가장 높은 명도 값과 가장 낮은 명도 값은 각각 CP-90(48.07)과 46.53(GP-100)에서 나타났습니다. 반대로 가장 높은 적색도 값과 가장 낮은 적색도 값은 각각 GP-100(0.20)과 CP-90(0.07)에서 나타났습니다. CP-100 및 GP-100의 적색도 값이 더 높은 이유는 90℃보다 100℃에서 색소를 더 많이 추출하기 때문일 수 있습니다.

대지 보이차(CP-90, CP-100)의 황색도가 고수 보이차 추출물의 황색도보다 높았습니다. 표본 추출물 간의 색상 차이는 온도 및/또는 폴리페놀의 영향 때문일 수 있습니다.

항산화 능력

차 추출물의 항산화능을 평가하기 위해 DPPH 및 ABTS 라디칼 소기 활성, SOD 유사 활성, 총 폴리페놀 및 플라보노이드 함량을 측정하였습니다. 항산화능은 90℃와 비교하여 100℃에서 추출 시 높았으며, 샘플 추출물 간에 유의하게 차이가 있었습니다(표3). 더 높은 온도에서 추출된 차에 들어있는 페놀 성분의 높은 함량은 이전 연구에서도 관찰되었습니다. 그 결과는 또한 고수 보이차 추출물이 대지 보이차에 비해 ABTS 라디칼 소기 활성 및 총 폴리페놀 및 플라보노이드 함량 측면에서 높은 항산화능을 가지고 있음을 보여주었습니다(표3). 고수 보이차 추출물의 더 높은 항산화능은 아마도 오래된 차나무에서 얻은 찻잎 때문일 것입니다. Ahmed 외 연구진은 오래된 나무에서 수확한 찻잎은 훨씬 쓴맛이 나고, 보이차의 쓴맛은 폴리페놀의 한 그룹인 카테킨과 관련이 있다고 보고했습니다. 차의 카테킨은 산화 방지, 항염증, 신경 보호, 항암, 항균, 동맥경화 방지 활동을 하는 다양한 세포 메커니즘을 보여주는 것으로 알려져 있습니다.

유리 아미노산 조성

4개의 차 추출물의 유리 아미노산 함량은 표 4에 나와 있습니다. 총 37개의 유리 아미노산이 분석되었으며, 그중 7개, 7개, 9개가 적어도 하나의 샘플 추출물에서 필수, 비필수, 다른 유리 아미노산으로 각각 검출되었습니다.

필수 아미노산인 L-메티오닌과 비필수 아미노산인 프롤린은 4가지 차 추출물 중 어느 것에서도 검출되지 않았습니다. 마찬가지로 타우린, 요소, L-á-amino asipic acid, L-á-amino-n-butyric acid, L-cystine, 시스타티오닌, 하이드록시리신, L-오르니틴, 3-메틸-L-히스티딘, L-안세린, L-카르노신 및 하이드록시프롤린은 어떠한 추출물에서도 검출되지 않았습니다. 총 유리 아미노산은 GP-100(691.56 ug/mL)에서 가장 많이 발견되었고 CP-100(566.68 ug/mL) 및 GP-90(557.69 ug/mL)에서 그 뒤를 이었습니다. 고수 보이차는 두 추출 온도에서 대지 보이차보다 총 유리 아미노산을 더 많이 함유한 것으로 나타났습니다.

차 추출물에서 필수 아미노산 중 L-페닐알라닌이 가장 높은 함량을 보였고, 비필수 아미노산 중에서는 L-아스파리트산과 L-글루탐산이 높은 함량을 나타냈습니다. 아미노-부티르산(GABA)은 글루탐산 탈카복실화효소가 존재하는 상태에서 글루탐산의 탈카복실화에 의해 식물 조직에서 주로 합성됩니다. GABA 및 글리신은 불안 완화, 진정, 항경련 및 근육 이완 기능을 가져, 학습 및 기억, 뇌졸중 및 신경퇴행성 질환과 관련이 있는 것으로 알려져 있습니다.

결론

본 연구는 90℃와 100℃에서 추출한 대지 보이차와 고수 보이차의 pH, 적정 산도, 색상, 항산화능 및 유리 아미노산 함량을 비교하였습니다. 본 연구 결과, 추출 온도가 차의 화학적, 기능적 가치에 상당한 영향을 미친다는 것을 보여주었습니다. 고수 보이차는 두 추출 온도 모두에서 낮은 pH를 보여주었지만, 더 높은 항산화능과 유리 아미노산 함량을 보였습니다. 항산화능과 유리 아미노산 함량은 90℃보다 100℃에서 추출한 차에서 더 높았습니다. 본 연구에서 조사한 영양학적 및 기능적 파라미터를 바탕으로 보면 100℃에서 30초간 부드럽게 흔들면서 3분간 방치하여 추출한 고수 보이차는 높은 양의 총 폴리페놀, 플라보노이드 및 유리 아미노산을 제공하는 것으로 나타났습니다.

실험의 목적

90℃와 100℃에서 추출한 대지 보이차와 고수 보이차의 pH, 적정 산도, 색상, 항산화능 및 유리 아미노산 함량을 비교하여 고수 보이차의 함량과 대지 보이차의 함량을 비교 연구할 뿐 아니라, 찻물을 우렸을 때 90도, 100도에서의 함량 비교를 연구하기 위해 실험하였습니다.

실험의 결론

추출 온도가 차의 화학적, 기능적 가치에 상당한 영향을 미친다는 것을 보여주었습니다. 고수 보이차는 두 추출 온도 모두에서 낮은 pH를 보여주었지만, 더 높은 항산화능과 유리 아미노산 함량을 보였습니다. 항산화능과 유리 아미노산 함량은 90℃보다 100℃에서 추출한 차에서 더 높았습니다.

5

보이차의 저장 기간과 제조 방법에 따른 품질 특성 및 항산화 활성 연구

A Study on the Quality Characteristics and Antioxidant Activities of Pu-erh Tea Prepared by Different Storage Periods and Manufacturing Methods

필자의 학위 논문에서 보이차의 항산화 효과 부분만 일부 발췌하였다. 실험 데이터는 생체 실험에 대한 데이터만 넣고, 그 외는 제외하였다. 편집은 앞의 논문 주제와 연관성을 가지고 독자의 이해를 돕기 위한 것이며, 본문의 체계는 본 책에 맞게 편집되었다.

2. 보이차의 항산화 효과

2-1. 생체 외(in vitro) 항산화 효과

보이차의 생체 외(in vitro) 항산화 효과를 측정하기 위한 실험으로는 총 폴리페놀 함량 측정, DPPH 및 ABTS+ 자유 라디칼 소거 활성 측정, SOD 유사 활성 측정 등이 있다.

폴리페놀은 식물 광합성 과정에서 활성 산소로부터 보호할 수 있는 항산화 물질이며 보이차의 총 폴리페놀 함량은 제조 방법에 따라 생차와 숙차 중 숙차의 함량이 높았으며 추출 횟수가 1회인 9년 저장 숙차에서 가장 높은 값을 나타내었다.

DPPH 자유 라디칼 소거 활성은 free radical을 포함하여 산화 반응을 일으키는 활성산소종이 단백질과 지질을 산화시키고 세포 파괴 및 사멸로 질병을 발생시키는 것을 방어하기 위하여 화학적으로 안정화 된 수용성 물질인 DPPH를 이용해 활성산소종에서 free radical을 제거하는 능력을 알아보는 실험으로 모든 처리구에서 비슷한 수치를 나타내었으나 9년 저장된 숙차에서 높은 값을 나타내었다.

ABTS+ 자유 라디칼 소거 활성은 DPPH는 자유 라디칼 소거 활성 실험과 비슷하지만 free radical을 소거하는 DPPH와는 다르게 양이온 라디칼을 소거하는 ABTS+를 이용하며 두 기질과 반응물과의 결합에 따라서 라디칼 제거 능력에 차이가 발생한다. ABTS+ 자유 라디칼 소거 활성 능력은 저장 기간이 증가할수록 높아졌으며 21년 저장된 숙차에서 높은 값을 나타내었다.

SOD(Superoxide dismutase) 유사 활성은 중성 또는 염기성 상태에서 superoxide에 의해 pyrogallol이 자동 산화 되면서 갈색의 물질이 생성되는 원리를 이용하여 산화를 억제시키는 효과를 측정하는 실험이다. SOD는 추출 횟수 1회, 숙차와 생차 등 모든 처리구에서 유의적인 차이를 나타내지 아니하였으며 저장기간의 증가에 따라서도 시료 간 유의적인 차이가 나타나지 않았다.

2-1-1. DPPH radical scavenging activity

Table 36은 보이차의 저장 기간, 추출 횟수 및 제조 방법에 의한 DPPH 자유 라디칼 소거 활성 결과를 나타내었다. DPPH는 저장 기간에 따라 2년 64.25~65.36%, 9년 66.63~68.10%, 21년 63.24~

66.60%의 소거 활성 범위를 나타내었고 2년 저장 시 3회 추출 생차 65.36±0.27%, 9년 저장 시 1회 추출 숙차 68.10±0.05%, 21년 저장 시 1회 추출 생차 66.60±1.03%의 처리구가 다른 처리구보다 높은 값을 나타내며 저장 기간에 따라서는 DPPH 라디칼 소거능에 유의적으로 큰 차이가 나타나지 아니하였고 9년차 보이차가 가장 높은 소거능을 나타내었다. 제조 방법에 따라서는 생차 65.29~66.79%, 숙차 63.24~68.10%의 소거 활성 범위를 나타내었고 생차 추출 시 9년 1회 66.79±0.66%, 숙차 추출 시 9년 1회 68.10±0.05%의 처리구가 다른 처리구보다 높은 값을 나타내었으며 제조 방법에 따라 생차는 전체적으로 유의적인 차이를 나타내지 아니하였고 9년 숙차가 다른 처리구보다 다소 높은 값을 나타내었다. 추출 횟수에 따라서는 1회 63.25~68.10%, 2회 63.56~67.91%, 3회 63.24~67.64%의 소거능 범위를 나타내었으며 1회 추출 시 9년 숙차 68.10±0.05%, 2회 추출 시 9년 숙차 67.91±0.24%, 3회 추출 시 9년 숙차 67.64±0.11%의 처리구가 다른 처리구보다 높은 값을 나타내었다.

이러한 결과로 보아 추출 횟수가 증가할수록 DPPH 라디칼 소거 활성은 낮은 값을 나타내었으며 이는 추출 횟수가 증가할수록 보이차 추출물의 생화학적 물질 변화에 의한 차이라고 판단된다.

2-1-2. ABTS+ cation radical-scavenging activity

Table 37은 보이차의 저장 기간, 추출횟수 및 제조방법에 의한 ABTS+ 라디칼 소거 활성 결과를 나타내었다. ABTS+ 라디칼 소거 활성은 저장 기간에 따라 2년 2.92~25.20%, 9년 4.15~30.27%, 21년 3.96~42.02%의 범위를 나타내었고 2년 저장 시 1회 추출 숙차 25.20±0.51%, 9년 저장 시 1회 추출 숙차 30.27±0.11%, 21년 저장 시 1회 추출 생차 42.02±0.40%가 다른 처리구보다 높은 값을 나타내었다. 제조 방법에 따라서는 생차 2.92~6.71%, 숙차 4.324~42.02%의 범위를 나타내었으며 생차 추출 시 9년 3회 추출 6.71±0.34%, 숙차 추출 시 21년 1회 추출 42.02±0.40%의 처리구가 다른 처리구보다 높은 값을 나타내었다. 추출 횟수에 따라서는 1회 3.96~42.02%, 2회 2.92~32.80%, 3회 3.51~26.72%의 범위를 나타내었으며 1회 추출 시 21년 숙차 42.02±0.40%, 2회 추출 시 21년 숙차 32.80±0.20%, 3회 추출 시 21년 숙차 26.72±1.30%의 처리구가 다른 처리구보다 높은 값을 나타내었다.

이러한 결과를 종합해보면 보이차의 ABTS+ 라디칼 소거 활성은 모든 처리구에서 3.96~42.02%의 범위로 추출 횟수에 큰 영향을 미치며 추출 횟수가 증가할수록 ABTS+ 라디칼 소거 활성이 감소하였고 제조 방법에 따라 생차와 숙차 중 숙차의 처리구가 높은 값을 나타내고 저장 기간은 21년이 항산화 효과가 높았다.

2-1-3. SOD(superoxide dismutase)-like activity

Table 38은 보이차의 저장 기간, 추출 횟수 및 제조 방법에 의한 SOD 유사 활성 결과를 나타내었다. SOD 유사 활성은 저장 기간에 따라 2년 2.00~2.80%, 9년 2.12~2.84%, 21년 2.34~2.84%의 범위를 나타내었고 2년 저장 시 2회 추출 숙차 2.80±0.50%, 9년 저장 시 2회 추출 생차 2.84±0.29%, 21년 저장 시 3회 추출 생차 2.84±0.24%의 처리구가 다른 처리구보다 높은 값을 나타내어 저장 기간에 따른 SOD 유사 활성은 저장 기간이 증가할수록 SOD 유사 활성이 증가하는 것으로 나타났다. 제조 방법에 따른 SOD 유사 활성은 생차 2.27~2.84%, 숙차 2.00~2.80%의 범위를 나타내었으며 생차 추출 시 9년 2회 2.84±0.29%, 21년 3회 2.84±0.29%의 결과를 나타내었고 숙차 추출 시 2년 2회 2.80±0.50%의 처리구가 다른 처리구보다 높은 값을 나타내었다. 추출 횟수에 따른 SOD 유사 활성은 1회 2.21~2.59%, 2회 2.44~2.84%, 3회 2.00~2.84%의 범위를 나타내었으며 1회 추출 시 21년 생차 2.59±0.33%, 2회 추출 시 9년 생차 2.84±0.29%, 3회 추출 시 21년 생차 2.84±0.24% 처리구가 다른 처리구보다 높은 값을 나타내었다.

이로 미루어 보아 보이차의 SOD 유사 활성은 모든 처리구에서 2.00~2.84%의 범위로 제조 방법에 따라 생차가 숙차보다 조금 높은 수치를 나타내었고 저장 기간이 증가할수록 SOD 유사 활성에 영향을 미친다고 판단된다.

2-1-4. 총 폴리페놀 함량

폴리페놀(polyphenol)은 주로 식물성 광합성(photosynthesis) 과정에서 활성산소(active oxygen)로부터 보호할 수 있는 항산화 물질을 말하며 phenolic hydroxyl기가 단백질과 결합하여 항산화 효과, 항균 및 항암 효과가 있다고 알려져 있다(Woo 등, 2003). 이는 차(tea)의 중요한 활성 물질로 색, 맛, 향기등과 밀접한 관계를 가지고 보이차의 품질을 형성하는 중요한 물질이다. 또한 폴리페놀은 차(tea)의 효능 성분으로 쓰고 떫은 맛을 내는 물질인데 발효 과정을 거치며 대부분의 화학성분은 줄어든다. 이 과정을 겪지 않은 폴리페놀은 수용성 폴리페놀로 차황소, 차홍소, 차갈소가 되고 나머진 불수용성 폴리페놀로 단백질과 결합해서 고분자 물질로 변하며 보이차의 효능 성분이 된다.

Table 39는 보이차의 저장 기간, 제조 방법 및 추출 횟수를 달리하여 폴리페놀을 측정한 결과를 나타내었다. 폴리페놀은 모든 처리구에서 23.27~50.64 mg/L의 범위로 저장 기간에 따라 2년 34.05~50.02 mg/L, 9년 40.54~47.81 mg/L, 21년 23.27~50.64 mg/L의 범위를 나타내었고 2년과 21년 시료에서는 숙차보다 생차가 다소 높은 값을 나타냈다.

결과적으로 Jo 등(2017)의 연구와 같이 후(後) 발효차인 보이차의 폴리페놀은 녹차, 홍차, 오룡차와 비교하였을 때 가장 낮은 함량을 나타내었으며 전체적으로 숙차보다 생차에서 높은 값을 나타냈다는 결과와 유사한 경향을 나타냈다. 따라서 저장 기간이 길수록 제조 방법에 따라 여러 물질 변화가 폴리페놀 합성에 영향을 미친다고 판단되며 추출 횟수에 의한 폴리페놀 함량은 추출 횟수가 증가함에 따라 폴리페놀 함량이 약간 증가함을 나타냈고 또한, 생차가 숙차의 추출함량보다 약간 높은 값을 나타내었다. 이런 결과로 미루어 보아 보이차의 저장 기간과 제조 방법, 추출 횟수에 의한 물질 변화가 저장 기간이 길어질수록 폴리페놀 합성에 영향을 미치는 것으로 판단된다.

2-2. 생체 내(in vivo) 항산화 및 면역 활성 효과

보이차의 생체 내(in vivo) 항산화 및 면역 활성 효과는 보이차의 저장 기간, 제조 방법, 추출 횟수에 따른 품질 특성과 안전성 및 생체 외(in vitro) 항산화 효과를 종합한 결과 최적 조건으로 9년 저장된 숙차로 이를 이용하여 생체 내(in vivo) 항산화 및 면역 활성 효과 실험을 하였다.

2-2-1. 체중 변화

Table 40는 보이차의 생체 내(in vivo) 항산화 효과 및 면역 활성 효과를 알아보기 위한 기초 실험으로 실험군에 따른 보이차 추출물 처리 6주째 mouse의 체중 변화를 측정하였다. 체중 변화로 먼저 normal control(16.00 ±1.00 g)과 model control(12.67±1.53 g)을 비교 시 유의적인 차이를 나타내어 D-galactose로 유도된 model control구는 노화형 모델 처리구로 나타났다. 보이차 처리구 PT-100과 PT-500 처리구는 노화형 모델 normal control과 비교 시 보이차 모든 처리구(PT-

100과 PT-500)에서 유의적으로 체중 증가 현상이 나타났으며 저(低)용량 PT-100과 고(高)용량 PT-500처리구 사이에서는 유의적인 차이를 나타내지 아니하였다.

한편, positive control(17.33±2.08g)과 보이차 처리구 PT-100(18.67±0.58g)과 PT-500(19.67±1.15 g)비교 시 모든 보이차 처리구(PT-100와 PT-500)에서 유의적 차이가 나타나지 아니하였으나 normal control(16.00±1.00 g)과 비교 시 유의적 차이가 나타내어 향후 상품화에 의의가 있다고 판단된다.

이런 결과를 보아 모든 보이차 처리구(PT-100와 PT-500)와 model control구와 비교 시 보이차 처리구에서 유의적인 높은 값을 나타내어서 보이차 추출물이 체중 변화에 있어 항노화 효과가 있음을 나타내었다.

Table 40. Effect of Pu-erh tea solution on body weight in mice at six weeks

Group1) Weight gain(g) Normal control16.00±1.00b2) Model control12.67±1.53c Positive control17.33±2.08ab PT-10018.67±0.58a PT-50019.67±1.15a

1) Normal control: Healthy rats administered with 1mL/100g of saline solution, Model control: Healthy rats administered with 200mg/kg of D-galactose , Positive control: Healthy rats administered with 200mg/kg of D-galactose + 100mg/kg of vitamin C, PT-100: Healthy rats treated with

200mg/kg of D-galactose + 100mg/kg of agueous extract from Pu-erh tea, PT-500: Healthy rats treated with 500mg/kg of D-galactose + 100mg/kg of agueous extract from Pu-erh tea.

2) Values are mean±standard deviation(n=12 for each group).

a-c) Different superscripts in the same column represent significant differences between values. (P<0.05)

2-2-2. 항산화 효과

산화적 스트레스등의 원인으로 ROC(reactive oxygen species)의 증가는 CAT(catalase), SOD(superoxide dismutase)등 항산화 효소의 손상으로 활성화를 저해함으로써 각종 질환을 유발한다고 알려져 있다 Kim SK (2008) Evaluation of antioxidant activity, Safe Food, 4, pp.35-40..

본 연구는 보이차 저장 기간 9년의 숙차를 사용하여 생체 내(in vivo) 항산화 효과에 대한 실험으로는 보이차 추출물을 용량별(저용량과 고용량)로 6주간 실험 생쥐에 투여 후 혈장 및 간 조직내 MDA(Malondialdehyde) 함량, OH□소거능, T-SOD(Total Superoxide dismutase) 유사 활성도, GSH-Px (Glutathione peroxidase) 및 CAT(catalase) 활성도를 측정한 결과 Table 41~45에 나타내었다.

2-2-2-1. MDA(Malondialdehyde) 함량

보이차의 생체 내(in vivo) 항산화 효과에 대한 실험으로 유지의 산화

로 인하여 2차적으로 생성되는 물질인 MDA(Malondialdehyde)의 함량을 측정한 결과 Table 41에 나타내었다.

혈장 normal control(7.06±0.19nmol/mL)과 model control(8.89±0.10nmol/mL)을 그리고 간장 조직 normal control(0.51±0.02nmol/mg)과 model control(0.79± 0.01nmol/mg)을 각각 비교 시 유의적인 차이를 나타내어 D-galactose로 유도된 model control처리구가 노화형 모델로 의의가 있음을 나타내었다. 혈장 내 MDA(Malondialdehyde) 함량 측정 결과 보이차 처리구 PT-100(6.94±0.10nmol/mL)와 PT-500(7.06±0.79nmol/mL)을 각각 model control (8.89±0.10nmol/mL)비교 시 유의적으로 낮은 값을 나타내었으며 PT-100과 PT-500 처리구 사이에도 유의적인 차이를 나타내지 아니하였다. 또한, PT-100, PT-500과 Positive control(6.61±0.38nmol/mL) 비교 시 유의적인 차이를 나타내지 아니하였다.

한편, 간장조직내 MDA(Malondialdehyde)의 함량을 측정한 결과 보이차 처리구 PT-100(0.54±0.11nmol/mg)와 PT-500(0.38±0.07nmol/mg)을 model control (0.79±0.01nmol/mg)과 비교 시 유의적으로 낮은 값을 나타내었으며 특히 PT-500(0.38±0.07nmol/mg)처리구에서 높은 유의성을 나타냈었다. PT-100처리구와 과 PT-500처리구 사이에서도 유의적인 차이를 나타내었다.

또한, 보이차 처리구 (PT-100과 PT-500)와 positive control(0.48±0.05 nmol/mg) 비교시 PT-100처리구와는 유의적인 차이가 나타나지 아니하

였으나 PT-500과는 유의적인 차이를 나타내었다. 따라서 보이차 추출물 저용량 투여군인 PT-100는 상업적인 경쟁력이 있다고 판단 된다.

위의 결과로 미루어 보아 혈장 및 간장 조직에서 보이차 추출물 투여군(PT-100과 PT-500)은 노화형 모델인 model control과 비교 시 MDA(Malondialdehyde) 함량을 감소시켜 항산화 효과가 있다고 판단 된다.

Table 41. Effect of Pu-erh tea solution on plasma and liver MDA content in mice

Group1) Blood plasma (nmol/mL) Liver (nmol/mg) Normal control7.06±0.19b2) 0.51±0.02b Model control8.89±0.10a0.79±0.01a Positive control6.61±0.38b0.48±0.05b PT-1006.94±0.10b0.54±0.11b PT-5007.06±0.79b0.38±0.07c

1) Abbreviations are specified in Table 40.

2) Values are mean±standard deviation(n=12 for each group).

a-c) Different superscripts in the same column represent significant differences between values (P<0.05).

2-2-2-2. OH· 소거능

보이차의 생체 내(in vivo) 항산화 효과에 대한 실험으로 화학적 반응성이 가장 큰 활성 산소로 생체 내(in vivo) 산화를 발생시켜 DNA 손상 및 돌연변이를 유발하는 물질인 Hydroxyl radical을 소거능을 측정한 결과 Table 42에 나타내었다.

혈장 Normal control(857.89±25.89 U/mL)과 model control(700.66 ±19.59 U/mL)을 그리고 간장 조직 normal control(46.81±1.12 U/mg)과 model control(42.43±1.56 U/mg)을 각각 비교 시 유의적인 차이를 나타내어 D-galactose로 유도된 model control처리구가 노화형 모델로 의의가 있음을 나타내었다. 혈장 내 OH· 소거 활성능 측정 결과 보이차 처리구 PT-100(499.19±45.49 U/mL)와 PT-500(1100.61±154.45 U/mL)을 각각 model control (700.66±19.59 U/mL)비교 시 PT-100은 유의적으로 낮은 값을 나타내었으며 PT-500은 유의적으로 높은 값을 나타내었다. PT-100과 PT-500 처리구 사이에도 유의적인 차이를 나타내었다.

또한, PT-100, PT-500과 positive control(894.95±39.71 U/mL) 비교 시 유의적인 차이를 나타내어 PT-500(1100.61±154.45 U/mL)은 positive control보다 약1.23배 높은 소거능을 나타내었다.

한편, 간장 조직내 OH· 소거 활성능 측정 결과 보이차 처리구 PT-100 (40.78±0.78 U/mg)와 PT-500(45.41±1.03 U/mg)을 model control (42.43±1.56 U/mg)과 비교 시 PT-100은 유의적으로 낮은 값을 나타내었으며 PT-500은 유의적으로 높은 값을 나타내었다. PT-100과 PT-500 처리구 사이에도 유의적인 차이를 나타내어 혈장 에서와 같은 경향을 나타내었다.

또한, 보이차 처리구 (PT-100과 PT-500)와 positive

control(44.82±1.61 U/mg)비교 시 PT-500은 유의적인 차이를 나타내었다. 따라서 보이차 추출물 고용량 투여군인 PT-500은 상업적인 경쟁력이 있다고 판단된다

위의 결과로 미루어 보아 혈장 및 간장 조직에서 보이차 추출물 투여군(PT-100과 PT-500)은 노화형 모델인 model control과 비교 시 PT-500 처리구에서 OH· 소거 활성능 유의적으로 저해되어 hydroxy radical을 소거하여 항산화 효과가 있다고 판단된다.

Table 42. Effect of Pu-erh tea solution on plasma and liver OH· scavenging ability in mice

Group1) Blood plasma (U/mL) Liver (U/mg) Normal control857.89±25.89b2)46.81±1.12aModel control700.66±19.59c42.43±1.56bcPositive control894.95±39.71b44.82±1.61bPT-100499.19±45.49d40.78±0.78cPT-5001100.61±154.45a45.41±1.03a

1) Abbreviations are specified in Table 40.

2) Values are mean±standard deviation(n=12 for each group).

a-d) Different superscripts in the same column represent significant differences between values (P<0.05).

2-2-2-3. T-SOD(superoxide dismutase) 활성도

T-SOD(superoxide dismutase)는 O2⁻(superoxide radical)을 O2와 H2O2로 전환 시키는 효소로써 산소 물질 대사 중 생성 부산물인 superoxide의 농도 제어해야 여러 세포벽의 손상을 막을 수 있다. T-SOD(Total superoxide dismutase) 활성도를 측정한 결과 Table 43에 나타내었다. 혈장 normal control(256.37±1.07 U/mL)과 Model control (201.93 ±0.81 U/mL)을 그리고 간장 조직 normal control(75.24±0.34 U/mg)과 Model control(71.76±0.11 U/mg)을 각각 비교 시 유의적인 차이를 나타내어 D-galactose로 유도된 Model control처리구가 노화형 모델로 의의가 있음을 나타내었다.

혈장 내 SOD 활성능 측정 결과 보이차 처리구 PT-100(190.76± 0.40 U/mL)와 PT-500(208.91±9.12 U/mL)을 각각 model control (201.93 ±0.81 U/mL)비교 시 PT-100은 유의적으로 낮은 값을 나타내었으며 PT-500은 유의적으로 높은 값을 나타내었다. PT-100과 PT-500 처리구 사이에도 유의적인 차이를 나타내었다. 또한, PT-100, PT-500과 Positive control(273.35±2.64 U/mL) 비교시 유의적인 차이를 나타내어 PT-100와 PT-500 모두 positive control보다 유의적으로 낮은 값을 나타내었다. 한편, 간장 조직내 SOD 활성능 측정 결과 보이차 처리구 PT-100 (67.66±0.34 U/mg)와 PT-500(70.46±0.26 U/mg)을 Model control (71.76±0.11 U/mg)과 비교 시 PT-100은 유의적으로 낮은 값을 나타내었으며 PT-500은 유의적으로 차이를 나타내지 않았다. PT-

100과 PT-500 처리구 사이에도 유의적인 차이를 나타내어 혈장 에서 와 같은 경향을 나타내었다. 또한, 보이차 처리구 (PT-100과 PT-500)와 positive control(88.35±0.46 U/mg)비교 시 PT-100과 PT-500 모두 positive control 보다 유의적인 낮은 값을 나타내었다. 따라서 보이차 추출물 투여군(PT-100 PT-500)은 향후 상업적인 경쟁력 연구가 필요하다고 판단된다.

위의 결과로 미루어 보아 혈장 및 간장 조직에서 보이차 추출물 투여군(PT-100과 PT-500)은 노화형 모델인 model control과 비교 시 PT-500은 유의적인 차이가 나지 않아 항산화 효과가 미미하다고 판단 된다.

Table 43. Effect of Pu-erh tea solution on plasma and liver T-SOD activity in mice

Group1)Blood plasma (U/mL)Liver (U/mg)Normal control256.37 ±1.07b2)75.24±0.34bModel control201.93±0.81c71.76±0.11cPositive control273.35±2.64a88.35±0.46aPT-100190.76±0.40d67.66±0.34dPT-500208.91±9.12c70.46±0.26c

1) Abbreviations are specified in Table 40.

2) Values are mean±standard deviation(n=12 for each group).

a-d) Different superscripts in the same column represent significant differences between values (P<0.05).

2-2-2-4. GSH-Px(Glutathione peroxidase) 활성도

체내의 활성 산소(avtive oxygen)와 free radical를 제거하고 세포내를 환원상태로 유지 하려는 효소인 GSH-Px(Glutathione peroxidase)의 활성도를 측정 결과 Table 44에 나타내었다. 혈장 Normal control(464.52±22.17 U/mL)과 model control(332.26 ± 17.00 U/mL)을 그리고 간장 조직 normal control(474.72±63.11 U/mg)과 Model control(268.47±30.70 U/mg)을 각각 비교 시 유의적인 차이를 나타내어 D-galactose로 유도된 model control처리구가 노화형 모델로 의의가 있음을 나타내었다. 혈장과 간장 조직의 normal control에서 464.52±22.17 U/mL와 332.26±17.00 U/mL가 model control에서는 332.26±17.00U/mL와 268.47±30.70 U/mg로 감소한 것은 산화적인 스트레스에 의해서 reduced GSH(glutathione) 상태에서 산화형 GSSG(glutathione disulide) 상태로 전환되었다고 판단된다. 혈장 내 SOD 활성능 측정 결과 보이차 처리구 PT-100(461.29±22.35 U/mL)와 PT-500(648.39±14.52 U/mL)을 model control (332.26±17.00 U/mL)비교 시 PT-100와 PT-500은 model control 보다 유의적으로 높은 값을 나타내었으며 PT-100과 PT-500사이에서도 유의적인 차이를 나타내었다.

또한, PT-500을 positive control(553.23±2.79273.35±2.64 U/mL)와 비교 시 유의적으로 높은 값을 나타내어서 상업적인 경쟁력이 있다고 판단된다. 한편, 간장 조직내 SOD 활성능 측정 결과 보이차 처리구 PT-100 (194.78 ±18.76 U/mg)와 PT-500(414.27±46.30 U/mg)을 model control (268.47 ±30.70 U/mg)과 비교 시 PT-100은 유의적으로 낮은 값을 나타내었으며 PT-500은 유의적 높은 값을 나타내었다. PT-100과 PT-500 처리구 사이에도 유의적인 차이를 나타내었다. 또한, 보이차 처리구 (PT-100과 PT-500)와 positive control(577.30±36.52 U/mg) 비교 시 PT-100과 PT-500 모두 positive control 보다 유의적인 낮은 값을 나타내었다.

위의 결과로 미루어 보아 혈장 및 간장 조직에서 보이차 추출물 투여군(PT-100과 PT-500)은 노화형 모델인 model control과 비교 시 보이차 추출물 투여군(PT-100과 PT-500)에서 항산화 효과가 있다고 판단된다.

2-2-2-5. CAT(Catalase) 활성도

CAT(Catalase)는 세포의 산화적 손상을 일으키는 한가지 원인으로 SOD (superoxide dismutase) 촉매반응 중 생성되는 hydroxyl radical (OH·)을 H2O와 O2로 분해하여 항산화 작용을 하는 효소로 알려져 있다. Chlikani P, Fita I, Loewen PC(2004), Diversity of structures and properties among catalase. Cell Mol Life Sci, 61(2), pp 192-208. CAT 활성도 측정 결과 Table 45에 나타내었다.

혈장 normal control(13.97±0.02 U/g)과 model control(5.17±0.02 U/g), 간장 조직 normal control(797.68±61.53 U/g)과 model control(701.96±25.91 U/g)을 각각 비교 시 유의적인 차이를 나타내어 D-galactose로 유도된 model control처리구가 노화형 모델로 의

의가 있음을 나타내었다. 혈장 내 CAT 활성도 측정 결과 보이차 처리구 PT-100(29.06±0.03 U/g)와 PT-500(37.14±2.76U/g)을 각각 model control (5.17±0.02 U/g7)비교 시 PT-100와 PT-500 모두 model control보다 유의적으로 높은 값을 나타내었다. PT-100과 PT-500 처리구 사이에도 유의적인 차이를 나타내었다. 또한, PT-100, PT-500과 positive control(24.51±0.07 U/g) 비교 시 보이차 추출물 투여군 (PT-100과 PT-500)모두에서 positive control보다 유의적으로 높은 값을 나타내었다. 한편, 간장 조직내 CAT 활성도 측정 결과 보이차 처리구 PT-100 (556.86±49.19 U/g)와 PT-500(826.76±56.41 U/g)을 model control (701.96±25.91 U/g)과 비교 시 PT-100은 유의적으로 낮은 값을 나타내었으며 PT-500은 유의적으로 높은 값을 나타내었다. PT-100과 PT-500 처리구 사이에도 유의적인 차이를 나타내었다. 또한, 보이차 처리구 (PT-100과 PT-500)와 positive control(860.15±26.79 U/g) 비교 시 PT-500와 positive control은 유의적인 차이를 나타내지 아니하였다. 따라서 보이차 추출물 고용량 투여군인 PT-500은 상업적인 경쟁력이 있다고 판단된다.

위의 결과로 미루어 보아 혈장 및 간장 조직에서 보이차 추출물 투여군(PT-100과 PT-500)은 노화형 모델인 model control과 비교 시 PT-500 처리구에서 CAT 활성도는 유의적인 차이를 나타내어 항산화 효과가 있다고 판단된다.

2-2-3. 면역 활성 효과

저장 기간 9년의 숙차를 사용하여 보이차의 면역 활성 효과에 대하여 알아보는 실험으로는 면역 기관 지수를 알아보기 위하여 흉선과 비장을 이용하였으며 면역 활성 지수를 알아보기 위하여 혈장과 간장 조직에서 면역 글로불린 항체 G(IgG)와 M(IgM), Interleukin 4(IL-4) 및 gamma 형태의 항바이러스성 단백질 (IFN-γ)을 지표로 측정하였다.

2-2-3-1. 면역 기관 지수

흉선과 비장은 세균 및 병원성 세포를 억제하는 기능을 하여 세포의 면역력에 큰 영향을 미치는 것으로 흉선과 비장의 중량과 체중 측정으로 면역 기관 지수를 나타낸 결과 Table 46과 같이 나타났다.

흉선 지수 normal control (2.74±0.20 g · (kgbw)-1)과 model control(1.82± 0.18g · (kgbw)-1)과 비장 지수 normal control(2.71±0.512 g · (kgbw)-1)과 model control(2.05±0.02 g · (kgbw)-1) 을 각각 비교 시 유의적인 차이를 나타내어 model control 처리구가 노화형 모델로 의의가 있음을 나타내었다.

흉선 지수 측정 결과 보이차 처리구 PT-100(2.46±0.15 g · (kgbw)-1)와 PT-500(2.25±0.28 g · (kgbw)-1)을 각각 model control (2.76±0.20 g · (kgbw)-1)비교 시 PT-100과 PT-500 모두 유의적으로 높은 값을 나타내었다. PT-100과 PT-500 처리구 사이에도 유의적인 차이를 나타내었다. 또한, PT-100, PT-500과 positive control(2.76±0.20

g · (kgbw)-1) 비교시 PT-500은 유의적으로 낮은 값을 나타내었지만 PT-100은 유의적으로 차이를 나타내지 아니하여 상품화 경쟁력이 있다고 판단된다. 한편, 비장 지수 측정 결과 보이차 처리구 PT-100(2.34±008 g · (kgbw)-1)와 PT-500(2.47±0.27 g · (kgbw)-1)을 각각 model control (2.05±0.02 g · (kgbw)-1)비교 시 PT-100과 PT-500 모두 유의적으로 높은 값을 나타내었다. PT-100과 PT-500 처리구 사이에도 유의적인 차이를 나타내지 아니하였다. 또한, PT-100, PT-500과 positive control(3.20±0.27 g · (kgbw)-1) 비교시 보이차 추출물 투여군 PT-100과 PT-500 모두 유의적으로 낮은 값을 나타내었다.

위의 결과로 미루어 보아 흉선 및 비장 지수로 보이차 추출물 투여군(PT-100과 PT-500)은 면역 활성 지수에 영향을 미쳤으며 특히 PT-500보다 PT-100이 면역 활성에 효과가 있다고 판단된다.

2-2-3-2. 면역 활성 지수

저장 기간이 9년인 숙차의 면역 활성 지수를 알아보기 위하여 혈장과 간장 조직에서 면역 글로불린 항체 G(IgG)와 M(IgM), Interleukin 4(IL-4) 및 gamma 형태의 항바이러스성 단백질 (IFN-γ)을 지표로 측정하였다(Table 47~Table 50).

Table 47은 인간의 혈청 항체의 약 75%를 차지하며 바이러스, 박테리아 및 곰팡이와 같은 여러 종류의 병원체가 체내 침입 시 IgG 항체에 응집 및 결합하여 감염으로부터 보호하는 역할을 한다고 알려진 IgG 함량 측정 결과는 혈장 normal control(12.64±2.28 mg/mL)과 model control(9.40±0.89 mg/mL)을 그리고 간장 조직 normal control(8.63±0.52 mg/mL)과 model control(7.27±0.16 mg/mL)을 각각 비교 시 유의적인 차이를 나타내어 model control처리구가 노화형 모델로 의의가 있음을 나타내었다. 혈장 내 IgG 농도 측정 결과 보이차 처리구 PT-100(7.97±0.75 mg/mL)와 PT-500(12.00±0.37 mg/mL)을 각각 model control (9.40±0.89 mg/mL)비교 시 PT-100은 유의적으로 차이를 나타내지 아니하였으나 PT-500은 유의적으로 높은 값을 나타냈다. 또한 PT-500은 positive control(12.33±0.45 mg/mL) 비교시 유의적인 차이를 나타내지 아니하여 상품화의 경쟁력이 있다고 판단된다. 한편, 간장 조직내 IgG 함량 측정 결과 보이차 처리구 PT-100 (8.00±0.45 mg/mL)와 PT-500(12.22±0.49 mg/mL)을 model control (7.27 ±0.16 mg/mL)과 비교 시 PT-100은 유의적 차이가 나타나지 아니하였으나 PT-500은 유의적으로 높은 값을 나타내었다. PT-100과 PT-500 처리구 사이에도 유의적인 차이를 나타내어 혈장 에서와 같은 경향을 나타내었다. 또한, 보이차 처리구 (PT-100과 PT-500)와 positive control(13.54 ±1.13 mg/mL)비교 시 보이차 추출물 처리구 모두 positive control보다 낮은 값을 나타내어서 보이차 추출물의 산업화의 연구가 좀 더 필요하다고 판단된다. 위의 결과로 미루어 보아 혈장 및 간장 조직에서 보이차 추출물 투여군(PT-100과 PT-500)은 노화형 모델인 model control과 비교 시 PT-500 처리구에서 높은 IgG 함량을 나타내어 보이차 추출물 투여가 면역 활성에 도움이 된다고 판단된다.

Table 48은 인간 태아에서 발현되는 최초의 면역 글로불린이며 자연적으로 발생되는 자연 항체이며 감염성 병원균과 결합하여 억제하는 역할을 하는 면역 글로불린 항체 M(IgM) 함량 측정 결과는 혈장 normal control (670.00±42.15 μg/mL)과 model control (558.63±25.00 μg/mL)을 간장 조직에서 normal control(455.00±14.59 μg/mL)과 model control(409.17±10.56 μg/mL)을 각각 비교 시 유의적인 차이를 나타내어 model control처리구가 노화형 모델로 의의가 있음을 나타내었다.

혈장 내 IgM 농도 측정 결과 보이차 처리구 PT-100(487.28±23.74 μg/mL)와 PT-500(630.81±34.18 μg/mL)을 각각 model control (558.63±25.00 μg/mL)비교 시 PT-100은 유의적으로 낮은 값을 나타냈으나 PT-500은 유의적으로 높은 값을 나타냈다. PT-100와 PT-500 사이에서는 유의적인 차이를 나타내었다. 또한 PT-500은 positive control(751.27±33.50 μg/mL)비교시 유의적인 차이를 나타냈지만 PT-500이 낮은 값을 나타내었다.

간장 조직내 IgM 농도 측정 결과는 보이차 처리구 PT-100 (455.00±14.59 μg/mL)와 PT-500(508.28±20.44 μg/mL)을 model control (409.17±10.56 μg/mL)과 비교 시 PT-100은 유의적 차이가 나타나지 아니하였으나 PT-500은 유의적으로 높은 값을 나타내었다. PT-100과 PT-500 처리구 사이에도 유의적인 차이를 나타내어 혈장 에서와 같은 경향을 나타내었다. 또한, 보이차 처리구 (PT-100과 PT-500)와 positive contro

(639.81±55.78 ㎍/mL)비교 시 혈장과 같은 경향을 나타내었다. 위의 결과로 미루어 보아 혈장 및 간장 조직에서 보이차 추출물 투여군(PT-100과 PT-500)은 노화형 모델인 model control과 비교 시 PT-500 처리구에서 높은 IgM 함량을 나타내어 보이차 추출물 투여가 면역 활성에 도움이 된다고 판단된다.

Table 49는 염증과 같은 상처 회복에 중요한 역할을 하나 IL-4가 기준점 이상으로 증가하게 되면 종양이 성장 및 증가 될 가능성이 있다고 알려진 IL-4 함량 측정 결과는 혈장 normal control(34.10±1.24 pg/mL)과 model control(31.10±1.85 pg/mL)을 그리고 간장 조직 normal control(30.98±1.62 pg/mL)과 model control(25.90±2.87pg/mL)을 각각 비교 시 유의적인 차이를 나타내어 model control 처리구가 노화형 모델로 의의가 있음을 나타내었다.

혈장 내 IL-4 함량 측정 결과 보이차 처리구 PT-100(32.88±2.88 pg/mL)와 PT-500(36.29±5.05 pg/mL)을 각각 model control (31.10±1.85 pg/mL)비교 시 PT-100은 유의적으로 차이를 나타내지아니하였으나 PT-500은 유의적으로 높은 값을 나타내었다. PT-100과 PT-500 처리구 사이에도 유의적인 차이를 나타내었다. 또한, PT-100, PT-500과 Positive control(43.43±1.83 pg/mL) 비교시 유의적으로 보이차 추출물 투여구 모두에서 positive control보다 낮은 값을 나타내었다. 한편, 간장 조직내 IL-4 함량 측정 결과 보이차 처리구 PT-100 (30.21±2.07 pg/mL)와 PT-500(40.22±1.18pg/mL)을 model control(25.90±

2.87 pg/mL)과 비교 시 PT−100와 PT−500 모두 유의적으로 높은 값을 나타내었다. PT−100과 PT−500 처리구 사이에도 유의적인 차이를 나타내어 혈장에서와 같은 경향을 나타내었다. 또한, 보이차 처리구 (PT-100과 PT-500)와 positive control(43.43±1.76 pg/mL)비교 시 PT−500은 유의적인 차이를 나타내었다. 따라서 보이차 추출물 고용량 투여군인 PT−500은 상업적인 경쟁력이 있다고 판단된다. 위의 결과로 미루어 보아 혈장 및 간장 조직에서 보이차 추출물 투여군(PT-100과 PT-500)은 노화형 모델인 model control과 비교 시 PT−500 처리구에서 높은 Interleukin 4(IL-4) 함량을 나타내어 보이차 추출물 투여가 면역 활성에 영향을 미친다고 판단된다.

Table 50는 선천성 및 적응성으로 인하여 발생하는 면역 물질로 gamma 형태의 항바이러스성 단백질인 Interferon−γ (IFN-γ)을 측정한 결과는 혈장 normal control(188.56±7.90 pg/mL)과 model control(177.49±5.70 pg/mL)을 그리고 간장 조직 normal control(186.90±8.85 pg/mL)과 model control(163.24±17.28 pg/mL)을 각각 비교 시 유의적인 차이를 나타내어model control처리구가 노화형 모델로 의의가 있음을 나타내었다.

혈장 내 IL−4 함량 측정 결과 보이차 처리구 PT−100(3175.57±3.75 pg/mL)와 PT−500(191.21±9.013 pg/mL)을 각각 model control (177.49±5.70 pg/mL)비교 시 PT−100은 유의적으로 차이를 나타내지 아니하였으나 PT−500은 유의적으로 높은 값을 나타내었다. PT−100과 PT−500

처리구 사이에도 유의적인 차이를 나타내었다. 또한, PT-100, PT-500과 positive control (212.27±5.50 pg/mL) 비교시 유의적으로 보이차 추출물 투여구 모두에서 positive control보다 낮은 값을 나타내었다.

간장 조직내 IL-4 함량 측정 결과 보이차 처리구 PT-100 (169.05±10.32 pg/mL)와 PT-500(186.41±5.76 pg/mL)을 model control (163.24±17.28 pg/mL)과 비교 시 PT-500은 유의적으로 높은 값을 나타내었다. PT-100과 PT-500 처리구 사이에도 유의적인 차이를 나타내었다. 또한, 보이차 처리구 (PT-100과 PT-500)와 positive control(225.51±8.06 pg/mL)비교 시 PT-500은 유의적인 차이를 나타내었다. 따라서 보이차 추출물 PT-500은 산업적 경쟁력이 있다고 판단된다.

위의 결과로 미루어 보아 혈장 및 간장 조직에서 보이차 추출물 투여군 PT-500은 노화형 모델인 model control과 비교 시 높은 IFN-γ 함량을 나타내어 보이차 추출물 투여가 면역 활성에 영향을 미친다고 판단된다.

Ⅴ. 결론

보이차는 6대 다류 중에 효소 작용으로 인한 미생물 발효차로서 우수한 품질의 보이차는 원료, 가공 기술, 저장 방법, 기후, 미생물, 수분, 온도, 산소, 햇볕 등의 여러 가지 요소가 종합적으로 작용한다고 알려져 있다. 본 연구에서는 중국 보이차의 저장 기간(2년, 9년, 21년), 제조방법(생차, 숙차)에 따라 품질 특성과 항산화 효과를 측정하였다.

첫째, 보이차 추출물의 품질특성으로 pH는 모든 처리구에서 5.55~6.78의 범위로 전체적으로 생차보다 숙차가 높은 값을 나타내었으며 당도는 모든 처리구에서 0.0~0.7-Brix의 범위로 추출 횟수가 증가함에 따라 증가하였으며 색상은 모든 처리구에서 L(Lightness) 값 38.32~52.86, a(Redness) 값 -0.55~8.62, b(Yellowness)~8.62, b(Yellowness) 값 7.97~14.32의 범위로 저장 기간이 증가할수록 높은 값을 나타내었으나 b 값과 a 값은 비슷한 경향을 나타냈다. 총 아미노산 함량은 생차가 숙차보다 약 11.73~16.68배 높은 값을 나타내었으나 추출 횟수가 증가할수록 제조 방법과 저장기간에 따라 비슷한 결과 값을 나타냈다. 엽록소 함량은 생차에서 추출횟수에 따라 2회의 결과 값이 1회와 3회보다 높은 값을 나타내었고 저장기간에 따라 9년, 2년, 21년 순으로 나타났다. 무기질 함량은 모든 처리구에서 K, Na, Ca, Mg, Mn의 순서로 나타났으며 함유량이 많은 K는 1차 추출 시 저장 기간에 따라 9년, 2년, 21년의 순서로 나타났고 Na, Ca, Mg의 함량도 유사한 결과를 나타냈다. 관능평가는 전체적인 기호도 중 21년 저장된 3회 추출 숙차(4.3±0.3)가 가장 높은 값을 나타내었다. 제조 방법에 따라서는 생차보다 숙차에서 높은 값을 나타내었다.

둘째, 보이차의 안전성 측정 결과로는 잔류 중금속 중 납(Pb) 함량은 저장 기간에 따라 2년 0.121~0.337 mg/kg, 9년 0.311~0.422 mg/kg, 21년 0.563~0.894 mg/kg으로 저장 기간이 길어질수록 함량이 증가하였고 제조 방법에 따라 생차 0.121~0.563 mg/kg, 숙차 0.337~0.894 mg/kg의 범위로 생차보다 숙차의 함량이 높게 나타났다. 한편, 잔류 농약은 deltamethrin, cypermethrin dimethoate, dichlorvos, fenitrothion 등으로 저장 기간에 따라 2년 0.065~0.100 mg/kg, 9년 0.057~0.088 mg/kg, 21년 0.026~0.2104 mg/kg으로 저장 기간이 길어질수록 함량이 약간 증가하였고 제조 방법에 따라 생차 0.026~0.210 mg/kg, 숙차 0.057~0.100 mg/kg의 범위로 나타났다. 이에 보이차에 함유된 중금속과 잔류 농약의 함량은 유의적으로 기준치 한계를 넘어서지 아니하여 안전성이 있다고 판단된다.

셋째, 보이차의 생체 외(in vitro) 항산화 효과를 측정 결과는 보이차의 총 폴리 페놀 함량은 제조 방법에 따라 생차와 숙차 중 숙차의 함량이 높았으며 추출 횟수가 1회인 9년 저장 숙차에서 가장 높은 값을 나타내었다. DPPH 자유 라디칼 소거 활성은 9년 저장된 숙차에서 높은 값을 나타내었다. ABTS+ 자유 라디칼 소거 활성 능력은 저장 기간이 증가할수록 높아졌으며 21년 저장된 숙차에서 높은 값을 나타내었다. SOD(Superoxide dismutase) 유사 활성은 SOD는 추출 횟수 1회, 숙차와 생차 등 모든 처리구에서 유의적인 차이를 나타내지 아니하였으며 저장 기간의 증가에 따라서도 시료 간 유의적인 차이가 나타나지 않았다.

넷째, 보이차의 생체 내(in vivo) 항산화 및 면역 활성 효과는 보이차의 품질 특성과 생체 외(in vitro) 항산화 효과를 연구에서 가장 결과가 좋은 것으로 나타난 저장 기간 9년의 숙차를 이용하여 생체 내(in vivo) 측정 결과 모든 보이차 처리구(PT-100와 PT-500)와 Model control구와 비교 시 체중 변화, MDA (Malondialdehyde)함량, OH· 소거 활성능, T-SOD(superoxide dismutase) 활성도, GSH-Px(Glutathione peroxidase) 활성도, CAT 활성도에서 보이차 처리구 에 있어 항노화 효과 있음을 나타내었다. 면역 활성 지수(흉선 및 비장 지수), IgG 함량, IgM 함량, Interleukin 4(IL-4) 함량, IFN-γ 함량에 있어서 보이차 추출물 투여가 면역 활성에 도움이 된다고 판단된다.

이와 같은 결과로 보아 보이차 및 보이차 추출물의 품질 특성과 생체 외(in vitro) 항산화 효과는 저장 기간 9년, 숙차가 우수하였으며 이를 이용하여 생체 내(in vivo) 항산화 효과 및 면역 활성 효과도 우수하였다.

參考文獻

단행본(單行本)

강판권,『차 한 잔에 담은 중국의 역사』, 지호, 2006.

공가순, 주홍걸,『운남보이과학』, 퍼에버북스, 2005.

김경우, 『골동보이차의 이해』, 티웰, 2017.

김태연,『대익보이차』, 대익다도원, 2013.

박홍관, 『사진으로 보는 중국의 차』, 형설출판사, 2014.

　　　,『중국에 차마시러가자』, 제이앤위이제이, 2014

　　　,『보이차도감』, 티웰, 2017.

양카이,『실전보이차』, 한솔미디어, 2008.

이문천,『고차수로 떠나는 보이차 여행』, 인문산책, 2011.

장숙정,『신생보이년감』, 오행도서출판사, 2004.

제정안, 당화평,『호남흑차』, 도서출판 한빛, 2009.

주홍걸,『보이차교과서』, 티웰, 2019.

　　　,『운남 보이차』, 한솜미디어.

짱유화,『짱유화 보이차에게 다시 묻다』, 삼녕당, 2014.

황병하,『중국 이슬람과 인권』, 한국중동학회ㆍ이슬람다문화연구센터ㆍ글로벌문화학회 공동학술대회및정기총회, 2012.

布鲁斯. 里著,『華陽國志』, 云南民族出版社. 2006.

常璩,『華陽國志』, 巴蜀出版社, 2007.

董尚胜, 王建荣,『茶史』, 浙江大学出版社, 2009.

『茶藝』, NO, 49 五行圖書.

논문류(論文類)

Du Lei,「보이차 추출물의 항산화와 항균 활성」, 순천대학교 석사논문, 2008.
곽한섭, 「관능평가에 대한 제언」, 식품 산업과 영양 학회지, 2016, pp.11-14
김용식,「후발효차의 화학성분 분석 및 생리활성 (Chemical Components Analysis and Physiological Activity of Microbial Fermented Tea)」, 충주대학교 산업대학원, 2010, pp.58-59.
김인영, 조춘구, 한사라, 방영배, 이일원,「발효 보이차 추출물의 항산화 활성 및 보습효과」, J. of Korean Oil Chemists′ Soc., 2013, 30(2), pp.272-279.
박정근,「보이차(미생물 발효차)의 품질 평가를 위한 지표 설정에 관한 연구」, 전남대학교 석사논문, 2011.
소은미, 정은주, 신장철, 김성현, 백순옥, 김영만, 김일광,「보이차(Pu-erh tea)의 항산화 효과」, Analytical science & Technology, 2006, 19(1), pp.39-44.
소은미,「보이차(Pu-erh tea)의 유효성분 분리와 항산화 효과 검색」, 원광대학교 석사논문, 2015.
오영순,「보관년수에 따른 보이생차의 성분과 감관품질 연구 (A study on the Relationship between Sensory Quality and Inner Components of Pu-erh Tea by Storage Year)」, 원광대학교 동양학대학원, 2011, pp.73-74.
윤중숙, 「고지방 식이를 섭취한 성장기 쥐에서 녹차와 홍차가 혈중 지질 및 항산화 효소 활성에 미치는 영향」, 계명대학교 석사논문, 2017.
이종희, 「고콜레스테롤 식이를 섭취한 성장기 쥐에서 가루녹차 첨가식이가 혈중지질 및 항산화 효소에 미치는 영향」, 계명대학교 석사논문, 2011.
이진수,「보이차 품질 형성에 미생물이 미치는 영향 연구」, 원광대학교 석사논문, 2012.
정창호, 강수태, 주옥수, 이승철, 신영희, 심기환, 조성환, 최성길, 허호진,「국내 시판 녹차, 보이차, 우롱차 및 홍차의 폴리페놀 함량, 항산화 및 아세틸콜린에스터레이스 저해 효과」, 한국식품저장유통학회, 2009, 16(2), pp.230-237.
조경환,「홍차 추출물의 유효성분과 생리활성(Active Components and Physiological Activity of Black Tea Extracts)」, 공주대학교 대학원, 2017.

천용남,「저장 기간에 따른 녹차와 보이차의 성분 변화 연구」, 원광대학교 석사논문, 2012.
최명자,「미생물이 보이차 품질형성에 미치는 영향 연구 (A study of the effects by fungi on product quality of Pu-erh tea)」, 원광대학교 동양학대학원, 2012, pp.80-81.
张黔生, 刘卓慧, 傅红,「普洱茶质量安全可追溯系统关键因素研究—基于 SCP 范式的理论分析」, 价值工程, 2018.
张小燕,「六堡茶文化和文化产业开发目前的情况和解决方法」, 品牌营销, 2014.
王笛,「浅议普洱茶与道文化的内在联系」, Journal of Pu'er University, 2015.
张柏俊, 张月,「云南普洱茶文化的美学特质」, Journal of Lianyungang Normal College, 2019, No.2.
舒梅, 陈旺丽,「弘扬普洱茶艺文化」, Journal of Pu'er University, 2014, Vol.30, Vol.31, No.4.
张晓菲,「普洱茶包装设计的艺术特色探究」, 产业与科技论坛, 2016.
罗亚昆,「普洱茶节与茶产业发展关系研究」, 专题论述, 2017.
张博雅,「浅析普洱茶文化旅游产品组合性开发构想和模式」, 学术专业人文茶趣, 2016.
张晓云, 赵艳, 吴文彬, 蒋明忠, 钱晔, 冷彦, 王白娟,「高压脉冲电场对普洱生茶香气和陈化时间的影响」, 食品科学 网络首发论文, 2019.
念波, 焦文文, 和明珠, 刘倩葶, 周玲霞, 蒋宾, 张正艳, 刘明丽, 马燕, 陈立佼, 刘福桥, 戎玉廷, 赵明,「花果香与陈香型普洱茶生化成分与香气物质测定比 较」, 现代食品科技 网络首发论文, 2019.
冯博, 钱晔, 吴奇，赵艳，吴文彬，吕才有，冷彦，王白娟,「ABTS 法研究高压脉冲电场对普洱熟茶 抗氧化活性的影响」, Journal of Yunnan Agricultural University (Natural Science), 2019.
张慧,「不同产地普洱茶主要成分含量分析」, 2017.
韩强,「不同化学成分对普洱茶发酵过程的影响」, 2016.
王昱筱，周才琼,「红茶_绿茶和普洱熟茶体外抗氧化作用比较研究」, Food Science College, Southwest University (Chongqing 400715), 2016.
李术钗, 夏忠锐，杨宁线，刘程程，龚国芬,「基于中医理论下沉香普洱茶的功效分析」, 学术专业人文茶趣, 2018.
林佳俊，吴冬凡，冯嘉伟,「普洱茶茶多酚的含量测定」, 广东化工, 2019, vol. 46.
刘佳, 丁青霞，高菊,「普洱茶多酚的提取及提取工艺响应面分析」, 安徽农业科学, Journal of Anhui Agri. Sci, 2016.
李向波, 刘顺航, 贾黎晖, 黄景丽, 胡琴芬, 张琼飞,「普洱茶感官品质分析及风味轮构建」, CHINATEA试验研究, 2017.
庞欠欠，朱强强，张肖娟，黄业伟,「普洱熟茶的品质形成机理分析」, Industry Review 行业综述, 2019.
顾娟，郑丹，张学艳,「饮用普洱茶对肥胖体质指数的影响」, 学术专业人文茶趣, 2017, vol. 8.
何雪,「茶文化视野下的城市景观规划建设」, 学术专业人文茶趣, 2017, vol. 8.
Jia-Hua LI1, Hong -Jie ZHou, Keiichi SHIMIzu, Yusuke SAKATA, Fumio HAsHIMo,「雲南熟プーアル茶の発酵過程におけるポリフェノール　およびカフェインの変化」, 農業生産技術管理学会誌, 15(2): 73-79, 2008
Yoshiyuki Nakamura, Hideo Esaki,「Yoshiyuki Nakamura, Hideo Esaki」, 2013
Takeshi KANEKO, Akinobu MIYATA, Nobuji UEDA,「プーアール茶と運動プログラム実施の併用による痩身効果」, 診療と新薬 2019, 56: 127-135
Katsuko Yamazaki, *Tetuo Murakami, Naoki Okada, Hisayoshi Terai, Toshio Miyase, Mitsuaki Sano,*「プーアル茶の蛍光特性」, *Nippon Shokuhin Kagaku Kogaku Kaishi, 2013, Vol. 60, No. 2, 87-95*
Fengjie Huang, *Xiaojiao Zheng, Xiaohui Ma, Runqiu Jiang, Wangyi Zhou, Shuiping Zhou, Yunjing Zhang, Sha Lei, Shouli Wang, Junliang Kuang, Xiaolong Han, Meilin Wei, Yijun You, Mengci Li, Yitao Li, Dandan Liang, Jiajian Liu, Tianlu Chen, Chao Yan, Runmin Wei, Cynthia Rajani, Chengxing Shen, Guoxiang Xie, Zhaoxiang Bian, Houkai Li, Aihua Zhao& Wei Jia,「Theabrownin from Pu-erh tea attenuates hypercholesterolemia via modulation of gut microbiota and bile acid metabolism」, 2019, Nature Communications volume 10, 4971*
Di Wang, *Rong Xiao, Xueting Hu, Kunlong Xu, Yan Hou, Ying Zhong, Jie*

Meng, Bolin Fan and Liegang Liu, "Comparative safty evaluation of Chinese Pu-erh green tea extract and Pu-erh black tea extract in Winstar rats", Agricultural and food chemistry, 2010, 58, pp.1350-1358.

She-Ching *Wu, Gow-Chin Yen, Bor-Sen Wang, Chih-Kwang Chiu, Wen-Jye Yen, Lee-Wen Chang, Pin-Der Duh, "Antimutagenic and antimicrobial activities of Pu-erh tea", Science Direct, 2007, LWT40, 506-512.*

Chi-Hua Lu, *Lucy Sun Hwang, "polyphenol contents of Pu-erh teas and their abilities to inhibit cholesterol biosynthesis in Hep G2 cell line". Food chemistry, 2008, vol. 111, pp.67-71.*

Bor-Sen Wang, *Hui Mei Yu, Lee-Wen Chang, Wen-Jye Yen, Pin-Der Duh, "Protective effects of Pu-erh tea on LDL oxidation and nitric oxide generation in macrophage cells", Lwt, 2008, vol. 41, pp.1122-1132.*

Pin-Der Duh, *Bor-Sen Wang, Shiou-Jen Liou, Chia-Jung Lin, "Cytoprotective effects of Pu-erh tea on hepatotoxicity in virto and In vivo induced by tert-butyl-hydroperoxide", Food chemistry, 2010, vol. 119, pp.580-585.*

Blois, M. S., *"Antioxidant determinations by the use of a stable free radical", Nature, 1958, vol. 181(4617), pp.1199-1230.*

Folin O., Denis W., *"On phosphotungstic-phosphomolybdic compounds as color reagents", J. Biol. Chem, 1912, vol. 7, pp.239-243*

Chappelle, E. W., Kim, M.S. and McMurtrey, J. E., "Ratio analysis of reflectance spectra (RARS): an algorithm for the remote estimation of the concentrations of chlorophyll a, chlorophyll b, and carotenoids in soybean leaves", Rem. Sens. Environ., 1992, vol. 39, pp.239-247.

Fellegrini N., *Ke R., Yang M., Rice-Evans C., "Screening of dietary carotenoids and carotenoid-rich fruit extracts for antioxidant activities applying 2,2'-azinobis(3-ethylenebenzothiazoline-6-sulfonic acid) radical cation decolorization assay", Method Enzymol, 1999, vol. 299, pp.379-389.*

Marklund S., *Marklund G., "Involvement of superoxide amino radical in the* *oxidation of pyrogallol and a convenient assay for superoxide dismutase", Eur J. Biochem, 1975, vol. 47, pp.468-474.*

Woo I. H., *Lee S. D., Son H. S., Baik N. G., Ji R. H., "Effect of Fresh Garlic Extract on the Tumor Cell Growth and Immunopotentiating Activity", J. Korean Soc. Food Science and Nutrition, 1990, vol. 19(5), pp.494-508.*

Herbert S., *Joel L. S., "Sensory Evaluation Practice 2nd ed. Academic Press", Inc, 1993, pp.88-92.*

Rosa, *J. kanterwica and Chirife, J. 1986. Determination and* correlation of the water activity of cheese whey solution. J.Food Sci., 51:227.

기타

농림축산검역본부 동물실험윤리위원회 - 개정 동물보호법 제13조 및 제14조

운남성지방표준 DB53/T 102-2003

운남성지방표준 DB53/T 102-2006

보이차엽기준표준 Q/TPCX02-2007

지리표지산품보이차국가표준GB/T 22111-2003

중화인민공화국 국가표준 GB/T 30766-2014

「普洱茶发酵机制的探讨(上)」, 2006, 总289期 茶叶经济信息

「普洱茶发酵机制的探讨(下)」, 2006, 总290期 茶叶经济信息.

과학으로 보는 보이차

초판 1쇄 인쇄 | 2023년 11월 14일
초판 1쇄 발행 | 2023년 11월 21일

글 | 최성희

발행인 | 박홍관
발행처 | 티웰
디자인 | 엔터디자인 홍원준

등록 | 2006년 11월 24일 제22-3016호
주소 | 서울시 종로구 삼일대로 30길리, 507호(종로오피스텔)

전화 | 02.720.2477
메일 | teawell@gmail.com
ISBN 978-89-97053-57-5 03590
정가 22,000원